U0176430

无界
BORDERLESS

不纯世界的有序见解

日本传统服饰解剖图鉴

〔日〕八条忠基 —— 著

尹宁 —— 译

中信出版集团 | 北京

图书在版编目（CIP）数据

日本传统服饰解剖图鉴 /（日）八条忠基著；尹宁译 . -- 北京：中信出版社，2023.5
ISBN 978-7-5217-4669-3

I. ①日… II. ①八… ②尹… III. ①民族服饰－日本－图集 IV. ① TS941.743.13-64

中国版本图书馆 CIP 数据核字 (2022) 第 153268 号

NIHON NO SOZOKU KAIBOZUKAN
© TADAMOTO HACHIJYO 2021
Originally published in Japan in 2021 by X-Knowledge Co., Ltd.
Chinese (in simplified character only) translation rights arranged with
X-Knowledge Co., Ltd. TOKYO,through g-Agency Co., Ltd, TOKYO.

日本传统服饰解剖图鉴
著者： [日] 八条忠基
译者： 尹宁
出版发行：中信出版集团股份有限公司
（北京市朝阳区东三环北路 27 号嘉铭中心 邮编 100020）
承印者： 广东省博罗县园洲勤达印务有限公司

开本：880mm×1230mm 1/32　印张：6　　字数：110 千字
版次：2023 年 5 月第 1 版　印次：2023 年 5 月第 1 次印刷
京权图字：01–2022–6343　书号：ISBN 978-7-5217-4669-3
定价：59.80 元

袍〔1〕

在束带、衣冠（平安时代以后贵族或官员的官服）等服装中，穿在最上面的衣服，因此也作"上着"。

缝腋袍（前）

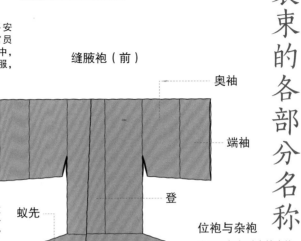

奥袖

端袖

登

袍〔2〕

大致分为两类，文官穿两腋部分缝合的"缝腋袍"，武官穿两腋部分不缝合的"阙腋袍"。

蚁先

襽

前片

位袍与杂袍

官位和颜色对应的官袍，称作"位袍"，而与之相对，没有官位限制、可以自由使用色彩的就是"杂袍"。杂袍也叫"直衣"，其基本形态和位袍差别不大，不同点在于引直衣（下直衣）的身长（从肩到下摆的长度）比较长。

奥袖

缝腋袍（后）

首纸

指襟的部分。袍的圆领四周，附有一圈立领。将袍平放，有首纸的部分为后片。

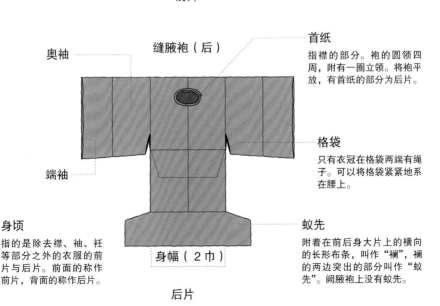

端袖

格袋

只有衣冠在格袋两端有绳子。可以将格袋紧紧地系在腰上。

身顷

指的是除去襟、袖、衽等部分之外的衣服的前片与后片。前面的称作前片，背面的称作后片。

身幅（2巾）

蚁先

附着在前后身大片上的横向的长形布条，叫作"襽"，襽的两边突出的部分叫作"蚁先"。阙腋袍上没有蚁先。

后片

I

袴的各部分名称

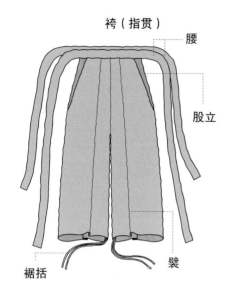

袴（指贯）

腰

股立

裾括

襷

冠的各部分名称

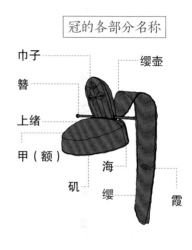

巾子

簪

上绪

甲（额）

矶

缨壶

海

缨

霞

（一般和服的主要部分名称）

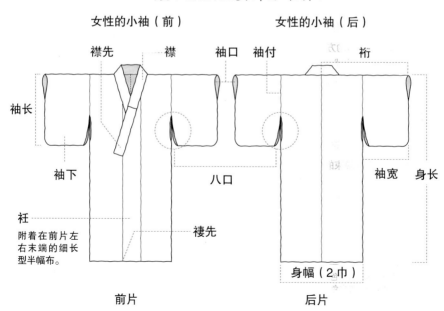

女性的小袖（前）　　　　女性的小袖（后）

襟先　襟　袖口　袖付　裄

袖长

袖下　　　八口

袵

附着在前片左右末端的细长型半幅布。

褄先

身幅（2巾）

前片

袖宽　身长

后片

关于装束的 Q & A

Q1 装束使用什么材质?

A1 基本为绢,也会用到麻或葛制纤维织成的布料。

装束的质地为丝织成的绢,无官位者的衣服则用麻。另外水干袴或蹴鞠穿的袴,织入葛纤维,使其质地强韧,称作葛袴。棉花是室町时代后期来自东南亚的舶来品,原则上不用于装束,但会用于祭祀。

Q2 绢有哪些种类?

A2 绢有生绢和熟绢之分,根据不同季节使用不同的面料。

直接用桑蚕吐的丝(生丝)织成的面料叫生绢,质感清凉,用于夏季装束或服装的里料。将生丝用碱加工处理,除掉丝表面的蛋白质成分"丝胶蛋白"织成的面料叫作"熟绢"[1],触感绵密有光泽,多用于冬季装束。

Q3 面料有哪些织法?

A3 平织、纹织、捻线织是具有代表性的几种织法。

面料的织造方法,有用于高官装束的带花纹的纹织和用于官位相对较低、没有花纹的平织,以及用于夏季薄面料的捻线织等。捻线织是将经纱扭转,让纬纱穿过经纱的织造方式,"纱""罗"等面料属于这种织造方式。装束中的冠使用的就是罗,但能织造出纹样的纹罗织法,在应仁元年(1467年)的应仁之乱时失传,那以后罗上的花纹只好采用刺绣的方式。

Q4 如何给布染色?

A4 布的染色有先染和后染两种方法。

先给纱线染色、后织布的方式织成的面料,叫作"织物",这种面料的颜色叫"织色"[2]。有的面料经纱和纬纱会在不同的光线条件下,呈现颜色的变化,这叫作"结构色"[3]现象。而直接将白色纱线织后再染色而成的面料叫作"染物"[4],多用于官袍等。

Q5 装束由何人制成?

A5 是由织染、裁缝等专职人员或匠人制成。

平安时代设立了负责装束的专门部门:负责织染的"织部司"和负责裁缝的"缝殿寮"。到了镰仓时代,形成了每个职能由一个家族负责的制度,于是宫中装束的制作由世袭内藏头[5]的山科家独占,在山科家设立的"吴服所"内进行。织染则由织部町、大舍人町的匠人制作,应仁之乱以后,这些匠人迁到西阵继续生产制作。

---

① 熟绢:日本多称练绢。——译者注(以下若无特别说明,均为译者注)
② 织色:我们一般称作"色织布"。
③ 结构色:日语中叫玉虫色,随着光线变化会呈现忽绿忽紫的色彩变化,就像吉丁虫翅膀的颜色。
④ 染物:中文称作"染色布"。
⑤ 内藏头:内藏寮的长官。内藏寮主要负责经营以金、银、绢等为核心的皇室财产。

前言

　　当我们有机会在各种各样的仪式及活动中看到十二单、衣冠和束带这些服饰时，在被它们的美吸引目光的同时，也会想起日本悠长的历史。这种自古传承、有定式的服装，被称作"装束"。

　　装束主要指在宫中或朝廷上穿的服装，有关这个世界的衣食住行的种种规定，则统称为"有职故实"①，也称作典章制度。日本武家常常将宫廷社会当成憧憬的对象，幕府时期更是有"柳营故实"的典故进一步坐实了这一事实。因此，日本服饰历史的核心，一直以来都是"装束"。

　　本书将装束跨越千年的漫长历史，用图鉴的形式清晰易懂地表现出来，同时对于相关典章制度，也尽

---

① 有职故实：指朝廷或武家自古流传下来的仪式、制度、风俗和习惯。也指对这些进行系统考证的学问。

量进行详细的解说。

　　圣德太子时代从中国直接传入日本的装束，到了平安时代开始发生本土化的转变。随着时代的变迁装束也不断发生改变，逐步简化，并吸取各个时期的工艺与技巧一直传承至现代。请尽情欣赏这些曾在宫廷世界备受喜爱的华丽装束吧。说它们构成了一部"日本人美学意识的历史"也不为过。

　　　　　　　　　　　　　　　　八条忠基

第一章

古代到平安时代初期的装束

第二章

平安时代的装束

第三章
镰仓时代的装束

第四章

室町时代到战国时代的装束

第五章

江户时代的装束

第六章
明治时代以后的装束

明治时代以后

第七章
现代的装束

印刷　图书印刷株式会社

桌面出版　天龙社

设计　marusankaku design（菅谷真理子、高桥朱里）

其他插图、描摹　长冈伸行

人物、专栏插图　幸翔

日文版基础信息

【本书的阅读方式】

TPO

说明穿着装束的时期、场合和穿着对象等。关于穿着对象，无法区分位阶或记载不明的情况下会略去不表。

正式程度

根据装束的穿着场合与目的，将装束的正式程度划分为5级。

〈参考〉

★　私下的日常穿着

★★　略为私下的日常穿着

★★★　日常穿着到简单的出勤服装

★★★★　正装或略不正式的礼服

★★★★★　最高规格的服装（礼服）

第一章

古代到平安时代初期的装束

日本装束的起源

古代到约飞鸟时代 男性与女性

　　日本古代的服装具体是什么样子，我们已经不甚了了了。《魏书·倭人传》上有"男子皆露紒，以木棉招头。其衣横幅，但结束相连，略无缝"的记载，但具体形态不详。我们从埴轮①上看到的图像大致可以猜测5—6世纪日本人的着装形象。埴轮上展示的男性穿着像裤子一样的袴，女性穿着像裙子一样的裳，似乎更加接近现代服装的形态。

　　正式服装的制度，是在推古十一年（603年）圣德太子制定的"冠位十二阶"中确立的。"冠位十二阶"仿效中国隋朝时期的制度，规定不同身份、等级的人戴不同颜色的冠，人们根据冠的颜色就能对这个人的身份、地位一目了然。这也是大家族势力崛起、国家日益中央集权化的体现。

---

① 埴轮：日本古坟顶部和坟丘四周排列的素陶器的总称。

TPO 不明

正式程度 ★★★★★？

从圣德太子薨后的《天寿国绣帐》[1]来看，当时的男性穿立领上衣、窄腿裤子。官位和冠的颜色对应关系在《日本书纪》中没有记载，后世学者根据五行说等学说，推论出自上而下的对应颜色或为紫、青、赤、黄、白和黑。

袍

《日本书纪》有"诸臣服色皆同冠色"的记载。

冠

《日本书纪》有"以当色絁缝之"的记载，絁指的是比绢质量更差一些的绢织物。

○**冠位十二阶的位当色**[2]

冠位	当色（推测）
德（大小）	紫
仁（大小）	青
礼（大小）	赤
信（大小）	黄
义（大小）	白
智（大小）	黑

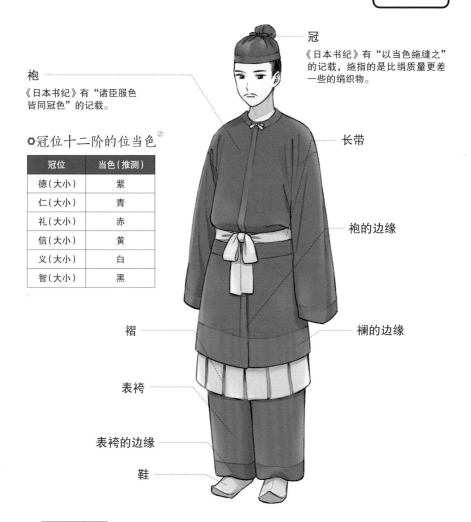

长带

袍的边缘

襕的边缘

褶

表袴

表袴的边缘

鞋

① 《天寿国绣帐》：7世纪日本飞鸟时代的纺织工艺品，描绘的是圣德太子薨后去往天寿国的场景，体现了当时的织染工艺、服装、绘画、佛教信仰等，被视为日本的国宝。

② 当色：和官位对应的装束颜色。

女性穿围裹裙

古代的装束
（女性）

TPO 不明
正式程度 ★★★★★？

《天寿国绣帐》中的女性所穿着的服装，上衣和男性的完全相同，下装则用像长裙的裳代替了男性的袴。同时代的中国史书《隋书·倭国传》有云"妇人束发于后，亦衣裙襦，裳皆有襈"。但没有任何关于色彩的记载。

袍的边缘

裳
被认为和后世的裳相同，为围裹裙的形式。

袍
《天寿国绣帐》中描绘的样式和男性的完全相同。

长带

襕
附在前后身大片上的布叫作"襕"。

褶
穿在裳上面，和裳同样缠在腰上。

历时千年的装束
文化初创期

奈良时代到平安时代初期 天皇

从圣德太子制定"官位十二阶"到养老二年（718 年）制定《养老律令》的这个历史时期，我们认为天皇没有单独的服装制式，而是与大臣穿同样的服装。根据《养老律令》中关于颜色序列的记载："服色自上而下为白、黄丹、紫、苏芳、绯、红……"可以推测出天皇的装束颜色或许为最上位的白色。

天平四年（732 年）虽然有天皇穿"礼服"的记录，但其制式在国家颁布的律令中并没有具体体现。平安时代初期，嵯峨天皇时代的弘仁十一年（820 年），才终于有了记述天皇礼服的典章"衮冕十二章"，并一直传于后世。

TPO 元日①朝贺・天皇

正式程度 ★ ★ ★ ★ ★

通过学习中国制度，天皇的礼服在衮冕十二章中有了具体规定，成为区别于群臣服装的特殊装束。史书《续日本纪》中记载于天平四年元日，天皇第一次穿着衮衣。

衮冕十二章
（天皇）（正面）

声色并茂

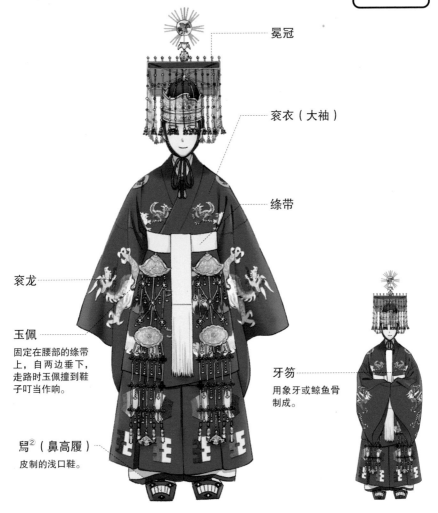

冕冠

衮衣（大袖）

绦带

衮龙

玉佩

固定在腰部的绦带上，自两边垂下，走路时玉佩撞到鞋子叮当作响。

牙笏

用象牙或鲸鱼骨制成。

舃②（鼻高履）

皮制的浅口鞋。

① 元日：阴阳历指农历正月初一。在日本阴阳历又称"旧历"，1872 年政府发布政令从 1873 年开始采用太阳历即"新历"。

② 舃：奈良时代人们穿的鞋子，由于前端高出，所以又叫"鼻高履"。

用茜草染成的红色衮衣前后片上，都有象征着中国皇帝的龙。还有日、月、星辰、山、华虫（雉）、火、宗彝、藻、粉米、黼和黻共12种图案的刺绣。

引人注目的源自中国的刺绣

衮冕十二章
（天皇）（背面）

冕冠

日（太阳中有金乌）

星辰
（北斗七星）

山（绦带的背面）

藻、粉米（分别位于褶的上部、大袖的背面）

黼（斧）
黻（己字）

表袴

月（月亮中有兔子和蟾蜍）

衮衣（大袖）

衮龙

衮龙

华虫（雉）

火

宗彝（虎与蜼[1]）

褶

天皇专用的冠

冕冠

冕板

日形

旒
用珍珠或珊瑚、琉璃珠穿成的珠串。

天皇头戴装有玉饰的"冕冠"。右图的冠是江户时代的复原物。人们认为在近代以前，冕冠只有前后两边有珠帘。

① 蜼：一种长尾猿猴，古人认为其象征着孝。

礼服的诞生与唐风文化时代

奈良时代到平安时代初期 文官与武官

大宝元年（701 年）颁布的《大宝律令》中的"衣服令"，制定了有关服装礼制的详细规则。朝廷上穿的公服有三种，即元日穿的源自中国的"礼服"、有官位者日常供职穿的"朝服"，以及无官位者于朝廷供职时穿的"制服"。

嵯峨天皇倾心于中国文化，他在位期间，平安时代初期的朝服完全演变为唐风。弘仁十四年（823 年），嵯峨天皇让位给弟弟淳和天皇，除了礼仪官以外的官员不需要再穿礼服，重大仪式上官员也只穿朝服。而朝服原本从中国古代的胡服中学来的修身、便于运动的样式，也由此开始变化，衣身变得愈发宽大，袖长越来越长逐渐演变成后来的豪华样式。

TPO 元日朝贺·五位以上

正式程度 ★★★★★

"礼冠"的玉饰及形象有对应身份和位阶的详细规定,上身穿"垂领"[1]的大袖和"上领"的小袖。大袖和小袖的颜色根据官位不同有详细的"当色"。下身穿表袴,再配上有绉纹的褶。

修身、色彩标识官位

文官的礼服

(五位以上)

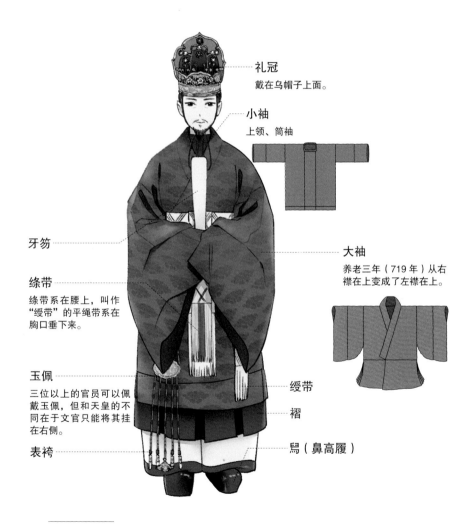

礼冠
戴在乌帽子上面。

小袖
上领、筒袖

牙笏

绦带
绦带系在腰上,叫作"绶带"的平绳带系在胸口垂下来。

玉佩
三位以上的官员可以佩戴玉佩,但和天皇的不同在于文官只能将其挂在右侧。

表袴

大袖
养老三年(719年)从右襟在上变成了左襟在上。

绶带

褶

舄(鼻高履)

---

① 垂领:和现代和服一样,两襟呈 V 字形的叫作"垂领",像袍那样合起来的圆领叫作"上领"。——原书注

TPO 元日朝贺·近卫大将

正式程度 ★★★★★

原本律令只规定武官的礼服要在平时的冠和阙腋袍之上再穿"裲裆"。到了平安时代，则进化成光彩夺目的礼服。①

最华丽的礼服

武官的礼服

（近卫大将）

武礼冠

平安时代的近卫府的大将、次将，以及卫门府的督佐（长官与次官）都戴"武礼冠"，穿"将军带"。

阙腋袍

武官穿两腋处不缝合的阙腋袍。

裲裆

夹棉、无袖的套头衣服。

表袴

袴的末端塞进靴子里。

革靴

牛皮上涂漆的礼仪用靴。内穿用绢或锦制作的两片足形布缝合的袜子。

---

① 本图参考江户时代依据中国古代武官着装复原的样式制作。——原书注

TPO 元日朝贺·近卫中将、少将

正式程度 ★★★★★

武官中侍奉天皇的近卫次将（中将、少将）会穿重武装的礼服，着金光闪闪、光彩夺目的"挂甲"。[1]

华丽胜过轻便

武官的礼服

（近卫次将）

卷缨冠

肩当

挂甲
牛皮上贴小片金箔。

阙腋袍

平绪
挂太刀的带子。

靴毡
指革靴的上部。主要用赤地锦（红色的锦）制成。

---

[1] 本图参考江户时代依据中国古代武官着装复原的样式制作。——原书注

1

奈良时代到平安时代初期

文官与武官

制度完善与勤务服的发端

朝服是官吏为朝廷执行公务时穿着的服装，也就是日常的勤务服。日本学习中国唐朝时期的制度，官员头戴叫作幞头或头巾的帽子，上身穿合身上衣"袍"，下身穿白色裤子"表袴"。袍按照官位必须使用不同颜色，因此也称作"位袍"。五位以上官吏的袍有纹样，六位以下官吏的袍没有纹样。

养老三年以后，为增加威仪感，官员开始右手持笏。律令规定五位以上官吏持象牙笏，六位以下官吏持木制的笏，但由于在日本获得象牙非常困难，最终所有官员穿朝服时都只能持木笏。无官位的朝廷供职人员，穿和朝服类似的制服，袍的颜色均为黄色。

TPO 全年・供职・有官位者

正式程度 ★★★★☆

文官的朝服

（有官位者）

一般文官的朝服，为两腋处缝合的"缝腋袍"。长方形的绢布裹在头上为冠，头巾的两个角在后面系在发髻上，多余的部分垂下，剩下的两个角自下而上系在发髻的前面。

缝腋袍

袍的颜色是对应官位的"位当色"。五位以上官吏的袍有纹样，六位以下官吏的袍没有纹样。

垂缨冠

文官日常不需要做剧烈的动作，会在冠后垂缨。

笏

律令规定五位以上官吏持象牙笏。

横刀之绪

（挂横刀的带子）

平绪

襕

两端有褶的形式，叫作"入襕"。

◦《养老律令》规定的位当色

位阶・身份	当色
天皇	白？
皇太子	黄丹
正・从一位	深紫
正・从二位	浅紫
正・从三位	浅紫
正・从四位（上下）	深绯
正・从五位（上下）	浅绯
正・从六位（上下）	深绿
正・从七位（上下）	浅绿
正・从八位（上下）	深缥[1]
大・小初位（上下）	浅缥
无位	黄

位阶在五位以上者为贵族，三位以上者为公卿[2]。太政大臣和左右大臣、大纳言等相当于是三位以上的位阶。

---

① 缥：青白色。

② 公卿：指公家和基于日本律令规定的太政官当中最高的干部职位，即太政大臣、左大臣、右大臣和大纳言、中纳言，以及参议等高官。平安时代起统称为公卿。

卷缨冠

系在下巴处起到固定作用的带子叫作老悬。缨的部分向上卷起，便于行动。

笏

律令规定六位以下官吏持木笏。

半臂

穿在袍下的护胸，腋下有褶，方便行动。

白袴

乌皮履

涂黑漆的皮质鞋子，之后演变为浅沓。

阙腋袍

腋下部分不缝合，优先考虑行动方便的袍子。到了重视装饰性的平安时代，后身大片的下端比前片要长出许多。

武官的朝服

（有官位者）

横刀之绪

佩戴象征军人的横刀，挂在宽幅的丝编带[1]上。

横刀

平绪

TPO 全年·供职·有官位者
正式程度 ★★★★☆

负责军事、警务的武官朝服，优先考虑的是行动方便。袍是便于大跨度行走的"阙腋袍"，即腋下不缝合，也称作"位袄"。帽子后面若垂下缨也会阻碍行动，因此缨向上卷起。

胡服

胡服

朝服的渊源

有人认为，日本的朝服来源于中国胡服。相传战国时期的胡人擅长骑马射箭，赵武灵王不堪其扰，遂令国人仿效胡人服装，学习他们的骑射，最终战胜胡人，扩张了国土。那以后，修身、圆领且便于行动的胡服就被中国官员接纳，后来流传至日本，成为"朝服"。

---

① 丝编带：指把几十根丝线按一定的方式互相交叉编成的带子，这种工艺是日本制作带子的传统艺术形式，可以编织出从极其扁平到几乎正圆的各种绳子。

女性服装制度确立 盛装的萌芽期

　　与男性不同，女性的制服在《日本书纪》等正史中没有记载，在《养老律令》的衣服令中才第一次有了明文规定。和男性装束一样，女性装束也照搬了中国唐朝时期的制度。衣服令对女性服装的当色做出了相关规定，一位为深紫，二、三位为浅紫，四位为深绯，五位为浅绯，和男性服装当色的规定完全相同。

　　日本民间传说中的"乙姬"①，穿纐缬染②制作的裙及褶，系绔带，肩上搭着像披肩一样的"领巾"，是根据正仓院文物中的女性形象推测而来的完全遵循唐风的形象。到了8世纪的天平时代，女性服装又在这个基础上加入了没有袖子的短衣"褙子"。

---

① 乙姬：日本古代传说《浦岛太郎》的故事中生活在海底宫殿的公主。
② 纐缬染：奈良时代传入日本的一种绞染法。——原书注

TPO 元日朝贺・内命妇（五位以上）

正式程度 ★ ★ ★ ★ ★

五位以上的女官"内命妇"，会在正月元日、大祀大尝①等重要祭祀庆典的"朝贺"活动上穿着这种服饰。上衣采用与男性礼服完全相同的形式，再在上面穿纰带、褶和缬裙。

仿效唐风的乙姬

女性的礼服（五位以上）

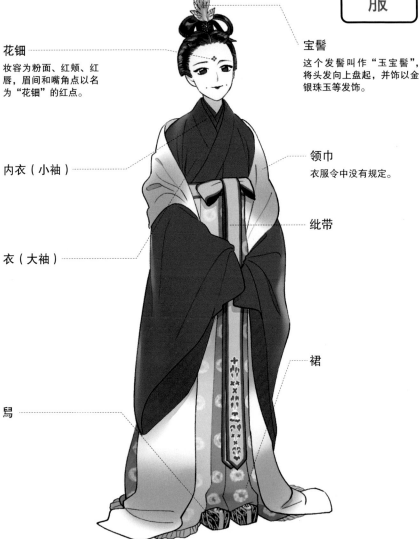

花钿

妆容为粉面、红颊、红唇，眉间和嘴角点以名为"花钿"的红点。

宝髻

这个发髻叫作"玉宝髻"，将头发向上盘起，并饰以金银珠玉等发饰。

内衣（小袖）

领巾

衣服令中没有规定。

衣（大袖）

纰带

裙

舄

---

① 大祀大尝：祭祀分为大祀、中祀和小祀，大尝祭为大祀。大尝祭是日本天皇即位礼的重要组成部分。

正式程度 ★★★★☆

除去礼服中的宝髻，将鞋子从舄换成乌皮履，就变成了女性的勤务服。无官位宫女的勤务服，也就是"制服"，和朝服样式相同。男性制服统一为黄色，女性制服却没有统一规定，只要是深绿色以下的颜色都可以自由选择。但不能使用紫色，即便是浅紫色也不行。另外，女性即便没有官位，如果其父亲是五位以上的官员，则可以自由使用父亲的位当色以下的任何颜色。

女性朝服
（有官位者）
简素却流丽的穿着

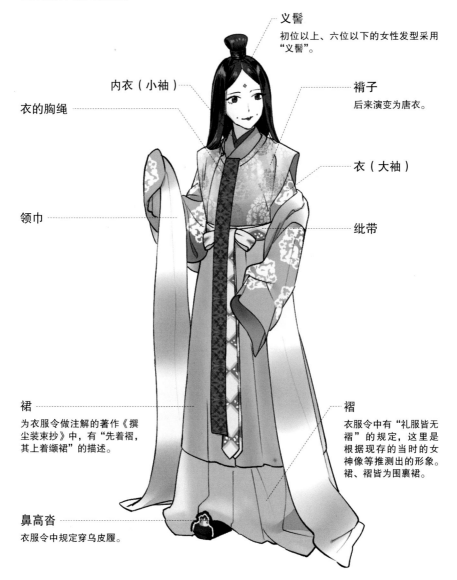

义髻
初位以上、六位以下的女性发型采用"义髻"。

内衣（小袖）

衣的胸绳

领巾

裙
为衣服令做注解的著作《撰尘装束抄》中，有"先着褶，其上着缬裙"的描述。

鼻高沓
衣服令中规定穿乌皮履。

褙子
后来演变为唐衣。

衣（大袖）

纰带

褶
衣服令中有"礼服皆无褶"的规定，这里是根据现存的当时的女神像等推测出的形象。裙、褶皆为围裹裙。

女性天皇的装束

后樱町天皇的礼服

宝历十二年（1762 年）驾崩的桃园天皇的皇子尚年幼，后樱町天皇作为天皇的姐姐即位。礼服为白色，在男性的礼服上穿纁纁裳。

　　日本最早的女性天皇是推古天皇。其后又有飞鸟时代的皇极天皇（第二次在位时称齐明天皇）、持统天皇，以及奈良时代的元明天皇、元正天皇和孝谦天皇（第二次在位时称德天皇）等女性天皇在位，有关女性天皇的装束却未有明文规定。根据正仓院的宝物、平安时代的有职故实书《西宫记》中"女帝御装束，皆白"的记载，人们认为女性天皇的礼服为男性天皇礼服的白色版本。

　　江户时代，明正天皇在德川将军授意下即位，历史上久违地再次出现女皇。当时女皇需要穿礼服进行即位礼，但上一位女皇是约900 年前的孝谦天皇，究竟要穿怎样的礼服，能参考的就只有正仓院宝物和各种文献。参照正仓院宝物与《西宫记》，最终女皇穿的是没有刺绣纹样的白色生绢制礼服。这件礼服后来也被焚毁未能留存下来，因此在其后的女皇后樱町天皇即位时，又创造性地制造了白色绫织①的礼服。这也是白色、没有刺绣与花纹的样式，而御牙笏、玉佩、绶带等则沿用了男性天皇使用的古物。

① 绫织：斜纹织造的丝织物。

第二章

平安时代的装束

平安时代约十世纪

天皇

从唐风全盛期向和风文化过渡

　　宽平六年（894 年）遣唐使制度被废止，延喜七年（907 年）唐朝灭亡。这个时期，日本文化逐渐成熟，9 世纪时唐风全盛的时代终结，迎来了重视日本的风土人情和民族性的和风文化时代。同时服装也从胡服样式的装束，转变成宽松样式的。

　　仁和三年（887 年）藤原基经任宇多天皇的关白①以后，就形成了所谓"摄关政治"②，天皇成了只需要批准关白决策的存在。天皇的日常穿着，也变成了身披长直衣样式的袍，这种穿着时胸部位置不作整理地披着的袍子，就是"御引直衣"。有时也可以看到身披垂领大袿③的天皇形象。

---

① 关白：唐朝时传入日本的一种官职，指天皇成年后的辅政大臣。
② 摄关政治：平安时代以藤原北家（藤原良房支派）为代表，以摄政或关白的职位作为天皇的代理人或辅佐者独掌朝廷权力的一种政治制度。摄关政治类似于中国古代外戚干政的情况，揭示了日本中世以来的律令制度的瓦解。
③ 垂领大袿：宽大的袿（内衣的一种，参见第 35 页）。——原书注

`TPO` 全年・日常・天皇

`正式程度` ★★☆☆☆

引直衣是随意的日常穿着，由于只是把直衣披在身上而已，最初也叫"下直衣"。后来衣服的下摆被加长，开始被称作"引直衣"。

御下直衣（天皇）

慵懒地披着

垂缨冠
到平安时代中期为止，都戴奈良时代的头巾形式的冠。

直衣
下直衣和引直衣都和缝腋袍款式相同，身长很长。穿着时胸部位置不作整理，衣服只是被披在身上。

红色长袴

肋息

TPO 夏季・简单仪式・天皇
正式程度 ★★★☆☆

到10世纪为止，御引直衣都只是日常穿着。到了12世纪，在穿着时会将胸前部分略作整理，将长长的下摆变成拖在后面的部分，御引直衣就成了可以在一些简单仪式上穿着的装束。

稍微偏正式一点
御引直衣（夏）
（天皇）

垂缨冠

直衣

在夏季时，袍的纹样与大臣的相同，为二蓝色底色加三重襷纹样。穿着时胸前位置要略作整理。

襕

蚁先

红色长袴

TPO 冬季·简单仪式·天皇

正式程度 ★★★☆☆

冬季穿小葵纹样的袍。里料是平绢①，色彩与夏
季相同为二蓝色。

全白裹身袍
御引直衣（冬）
（天皇）

垂缨冠

直衣

�襕

红色长袴

蚁先

---

① 平绢：平织的丝织物。

和摄关政治同时发生变化的装束

　　到了摄关政治时代，藤原一族占据了公卿阶级的大多数位置。政治会议几乎成了藤原家亲戚间的私下集会。于是对朝臣的服饰要求，比起律令规定的"阶级"，开始更重视与天皇的亲疏关系，即所谓"殿上人"的立场。原本要坐在大极殿椅子上商讨的政务，挪到了天皇的私邸清凉殿里，大家都脱掉鞋子坐在地面上。

　　一旦直接坐在地上谈政务，曾经的修身朝服就显得局促了，于是装束也渐渐变得宽松，"束带"逐渐代替了朝服。

TPO 全年・供职・有官位者

正式程度 ★★★★☆

律令中规定的朝服，被束带所取代。束带的名称来源于它是用石带①系起来的服装。袖子于9世纪开始形成的宽大之风进一步演化，身幅也更加宽大。

束带
（有官位者）

从立礼到座礼的装束

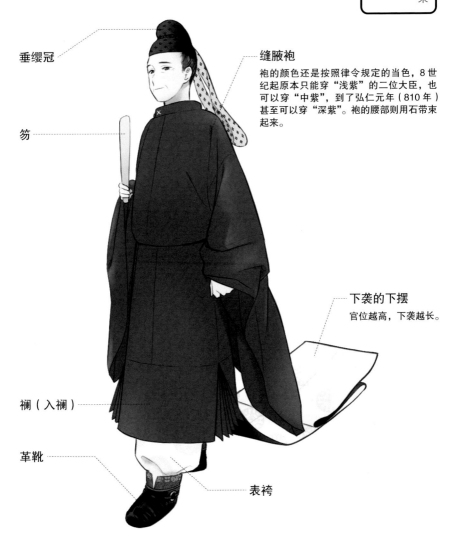

垂缨冠

笏

缝腋袍
袍的颜色还是按照律令规定的当色，8世纪起原本只能穿"浅紫"的二位大臣，也可以穿"中紫"，到了弘仁元年（810年）甚至可以穿"深紫"。袍的腰部则用石带束起来。

下袭的下摆
官位越高，下袭越长。

襕（入襕）

革靴

表袴

---

① 石带：用石头装饰的皮带，是一种专门用来系束带的腰带。

TPO 全年·日常·上层贵族
正式程度 ★★☆☆☆

直衣和要根据位阶决定当色的位袍不同，作为上层贵族日常穿的袍子，它的色彩使用相对自由。后来由于重视与天皇的亲疏关系，又有了只要获得天皇允许，就可以身着直衣、头上戴冠直接觐见天皇的制度。于是穿直衣见天皇也就成了高层精英的象征，对上层贵族来说，只能穿作为位袍的束带见天皇，成了一件颜面扫地的事。甚至出现有贵族以此为由，拒绝做官的情况。

立乌帽子

首纸

直衣

袍的形式和缝腋袍几乎相同。前后身和袖子部分能看见里料透出的颜色。

帖纸①

奥袖

蝙蝠扇②

端袖

端袖处没有里料，由表面的布向内对折而成。因此只有首纸、两边端袖和襕等几处不会透出里料的颜色。

蚁先

入襕的褶皱部分变成了延伸出来的一块布。下图左边是入襕，右边为蚁先。

襕

指贯

---

① 帖纸：包梳头发的工具、衣服等的和纸。另外也用作写诗歌草稿的纸张。一般叠起来揣在怀里。
② 蝙蝠扇：扇子名，单面贴纸的纸扇。

留在画卷中
多彩的召具装束

平安时代约十世纪　男性

没有官位的仆从的服装，由于少有明文规定，我们仅大致猜到他们的服装要应对工种需要，但并不清楚其具体形态。画卷中描绘的相关形象，让我们或可猜测一二。仆从的服装，统称为"召具装束"。"召具装束"不像狩衣那样肩部未缝合，更像将阙腋袍的肩部过度缝合起来的样式，这种样式叫作"布衫"。"布"意思是麻制的，"衫"指的是阙腋袍。也就是身顷 1 巾的麻制阙腋袍（一般的阙腋袍为 2 巾）。

后来这些装束的名字，逐渐用来指代穿着这些装束的人的职位或身份。

TPO 全年・供职・无官位者
正式程度 ★★★☆☆

"退红"为颜色名，指颜色极浅，像染红的衣服褪色后的色彩。退红比上下都穿着白色的"白张"等级要高，原本为亲王、大臣的随从的着装。为上级公卿撑伞、拿鞋的随从也会穿退红。

立乌帽子
和高位者一样，侍奉贵族的下人也会戴立乌帽子。

退红
这种浅红色有时也写作"桃染"。后来穿这种颜色的布衣或布衫的下人也被称作"退红"。

小袴
小袴长度原本到脚踝处，将其挽到膝盖处的穿法叫作"上括"，这样便于行动。

草鞋
在庶民基本光脚的时代，草鞋已经是很高级的鞋子了。

牛车

雨皮
牛车的防水罩。用淡青色绢制面料涂苏子油制成，防水性能好。带雨皮的随从一定是退红。

28

`TPO` 全年・供职・无官位者

`正式程度` ★★★☆☆

负责牵引牛马的仆从叫作"居饲"。上身穿退红，下装配黑色的袴是他们的特征。或许是这一形象给人留下了深刻的印象，因此一直被后世传承。江户时代的御三家以束带、衣冠之姿登城时，他们的家仆就穿着居饲装束，负责持伞、拿鞋。

饲养家畜的随从的装束

居饲
（无官位者）

立乌帽子

退红

肩膀处缝合的称为"衫"，没有缝合的多称为"布衣"。

牛车

居饲

这个职位除了负责在外出时走在牛旁边照料牛，还负责维护周边的道路畅通等。

黑色小袴

草鞋

TPO 全年・供职・无官位者

正式程度 ★★★☆☆

白张是在麻布制的便服上涂白色的粉①加工而成的亮白色服装。穿"白张"的人又叫"白丁"，负责为公家持伞、拿鞋、持火把、随车（跟在牛车的左右）等杂役。

杂役的纯白服装

白张
（无官位者）

立乌帽子

白张
衣服表面用浆糊和白色的粉固定形状，非常硬挺，因为看起来像树一样，又叫"如木"。白张和如木也成为下级侍从的别名。

火把

小袴
和上衣都为白色麻布制成，挽在膝下。

草鞋

---

① 白色的粉：以贝壳的粉末为原料制成的白色颜料。——原书注

从唐风到和风 十二单的诞生

日本女性服装，从"乙姬"那样的唐风，演变为和风装束"十二单"，这种变化从何时、因何种理由产生，如今已经不甚明了。《枕草子》中有女性打扮时绾起头发、插上梳篦的描写，《紫式部日记》中则提到像这样的装束是比较特别的，由此可以看出这些变化大致产生的历史时期。

"上一代的平服成为这一代的礼服"，这是古今中外时尚流变的普遍规律。清少纳言时代的日常穿着，到了紫式部时代就成了礼服。但是，平安时代中期的服饰到底是怎样的，由于没有绘画资料留存下来，还有很多细节未明。

TPO 仅重大仪式
正式程度 ★★★★★

10世纪末的女性装束转为"女房装束"之后，在此基础上将头发绾上去、插梳篦，身着裙带、披领巾，这种有唐风的古代装束叫作"物具装束"。"物具装束"是只在陪天皇用膳或重要的仪式上穿的特别装束。《年中行事绘卷》中描绘内宴的场景，可以看到舞伎头发饰宝髻并身着古式绞染的"纐缬裳"的身姿。

古风的正装
物具装束

宝髻
头发绾上去戴的冠状发饰。

唐衣的襟
襟向外翻，因此可以看见内里的颜色。

领巾
从奈良时代到平安时代，可以窥见唐风的遗留。

袙扇
或用来遮住脸，或跳舞时作为助兴的小道具使用。

唐衣
穿在最外面的衣服。由中国风的短衣"褙子"演变而来。

表着

五衣

单

裳
穿在下半身的裙，是前面散开，后面拖曳的形式。

裙带
唐风装束的遗留。垂在裳左右具有装饰性的带子。

红色长裤
裳的前面散开时，从外面可以看见的裤，原则上必须为红色。

穿多层衣服，背部穿裳又披着唐衣的装束，就是所谓的"十二单"，当时叫作"女房装束"。侍奉后妃的众多侍女称作"女房"，她们经常穿着这样的装束，故有此名。《枕草子》中描写了女房为迎接天皇，慌忙扎着裳和唐衣的情形。因此女房装束也是在尊贵的御前才有的打扮，后妃在天皇面前以外的场合也不穿女房装束。

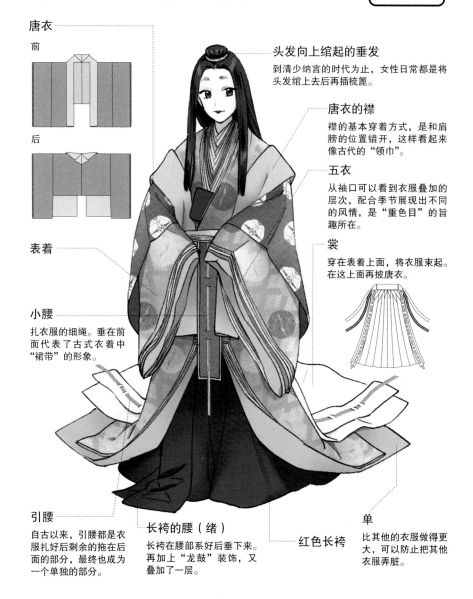

唐衣

前

后

表着

小腰

扎衣服的细绳。垂在前面代表了古式衣着中"裙带"的形象。

头发向上绾起的垂发

到清少纳言的时代为止，女性日常都是将头发绾上去后再插梳篦。

唐衣的襟

襟的基本穿着方式，是和肩膀的位置错开，这样看起来像古代的"领巾"。

五衣

从袖口可以看到衣服叠加的层次，配合季节展现出不同的风情，是"重色目"的旨趣所在。

裳

穿在表着上面，将衣服束起。在这上面再披唐衣。

引腰

自古以来，引腰都是衣服扎好后剩余的拖在后面的部分，最终也成为一个单独的部分。

长袴的腰（绪）

长袴在腰部系好后垂下来。再加上"龙鼓"装饰，又叠加了一层。

红色长袴

单

比其他的衣服做得更大，可以防止把其他衣服弄脏。

33

绚烂的色彩与纹样进入日常

平安时代约十世纪 女性

女房装束是侍女、女房执行勤务时穿的服装，而后妃等上层女性出现在人前时穿的服饰叫作小袿。小袿比穿在里面的袿更短，属于站起来正好可以接触到地面的长度。《紫式部日记绘卷》中，母亲源伦子穿着女房装束，坐在对面的女儿中宫彰子则穿着小袿，从服饰中也可以窥见两者的关系。

女房日常穿的衣服叫作"衣袴"或"袿袴"，也就是指下身穿袴，上面穿几层衣或袿。10世纪时，尚没有贴身穿的小袖，人们完全是以裸身的状态直接穿着袴，而上身则是披几层衣服的简单穿着姿态。

小袿 奢华且小巧的上装

和字面意思一样，短的袿就是"小袿"。小袿和唐衣相同，都是穿在最外面的衣服，原则上不会在小袿外面再穿唐衣。因此有"着小袿不穿唐衣，而穿唐衣不着小袿"的规则。

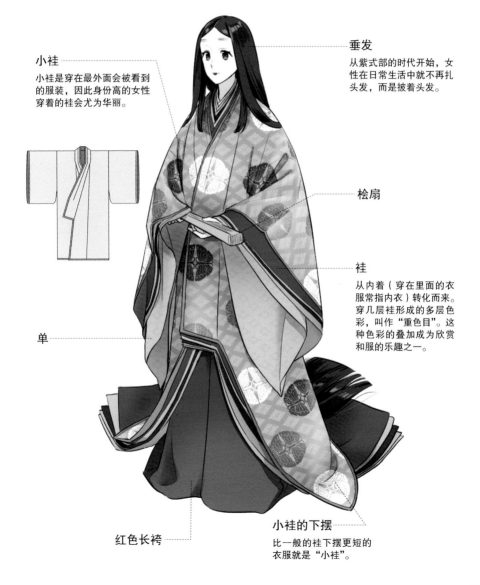

小袿
小袿是穿在最外面会被看到的服装，因此身份高的女性穿着的袿会尤为华丽。

垂发
从紫式部的时代开始，女性在日常生活中就不再扎头发，而是披着头发。

桧扇

袿
从内着（穿在里面的衣服常指内衣）转化而来。穿几层袿形成的多层色彩，叫作"重色目"。这种色彩的叠加成为欣赏和服的乐趣之一。

单

红色长袴

小袿的下摆
比一般的袿下摆更短的衣服就是"小袿"。

35

TPO 全年·日常

正式程度 ★★☆☆☆

"衣"和"袿"基本作为同样的意思使用。据说袿来自"内着""打挂"（披在外面的罩衫）等，有诸多说法。但无论其起源如何，指的都是只披在外面，无须系腰带的简单衣服。

袿

在《源氏物语绘卷》《伴大纳言绘卷》等画卷中多次出现。穿多层袿让衣服的色彩看起来层层叠叠的"重色目"，成为欣赏这种衣服的乐趣之一。

肋息

单

红色长袴

TPO 夏季·日常

正式程度 ★☆☆☆☆

炎热的夏日，人们不可能再穿多层衣服度日，因此只披一件贴身的衣物。《枕草子》《源氏物语》《换身物语》等著作中，对这种情形都有描述。对当时的男性来讲，这种着装是非常有感官冲击力的，甚至意味着没有品位。

单袴之姿

夏日在室内时的着装

单

在 11 世纪小袖成为贴身衣物之前，单就是贴身的衣服。只穿单的话，会透过布料看见上半身。

红色长袴

专栏②

天皇的冠

宝冠

古代的宝冠样式尚有诸多不确定的地方。上图为宝历十二年后樱町天皇即位时，考证古代样式复原的宝冠。

日形冠

元服之礼前的童帝不束发，只在左右两边扎角发，日形冠是配合这种发型设计的形状。现有中御门天皇的日形冠存世。

平安时代中期的典章制度之书《西宫记》中，有关于天皇的冠的规定："冠冕为天皇即位、元日朝拜等朝堂仪式之用。女帝着宝冠，元服之礼[①]前的童帝着日形冠。"

冠冕是成人男性天皇的礼冠，礼冠的上面有一块方形的板，四周垂下"旒"。这是模仿唐朝皇帝冠冕的样式，日本古代天皇冠冕的具体样式只能靠我们的想象，现存最早的冠冕是江户时代复原的御西天皇的冠冕。

女帝不戴冠冕，只戴有金属外框的"宝冠"。现在人们对古代宝冠的具体形状也并不了解，只有江户时代经考证重新复原的后樱町天皇的宝冠现存于世。

元服之礼前的童帝也不戴冠冕，而是戴和女帝宝冠相似的"日形冠"。现存的日形冠是江户时代中御门天皇的，该冠在多大程度上复原了古代样式，也不得而知。

---

① 元服之礼：指成人礼。

冠的变迁

奈良时代到平安时代中期

木制的巾子把发髻罩起来，在这上面系绢质的纱等面料。整体是柔软、贴合头部的样式。

平安时代中期到室町时代

巾子和冠一体化了。簪子插入发髻将其固定。受强装束的影响，冠也用漆固定得很牢固。

江户时代

冠的体量变小，改用带子固定。冠用张贯法制作，带子除了用纸捻，也用绳子进行制作。

明治时代以后

再度变大，用带子固定在头上。原则上带子多是用纸捻成。

　　《传圣德太子像》呈现了奈良时代初期的装束，他戴的冠更像中国古代的"头巾"或"幞头"，是一种柔软的帽子。头巾是在薄绢上涂漆，再在头上扎起来进行固定。扎起头巾后剩余的部分垂在头后面，这个部分后来发展成"缨"。到平安时代中期为止，人们都戴这个形式的冠，后来终于发展成把发髻放在冠里面的形式，"头巾"变成了"巾子"。《徒然草》中有"彼时之冠，高于往昔"的记载，可见巾子比以前变得更高大了。室町时代，人们会在缨的部分衬上鲸鱼须等材料，让这个部分看起来高且有弧度。

　　到了江户时代，冠又变得非常小。将几层和纸粘在一起，再在表面贴罗或纱，然后涂漆，因此冠变得异常坚硬。由于这时期的发型变成了将头顶中间的头发削去的月代头，于是帽子也变成用带子将两边系起来的样式。明治时代以后，冠再度变大，两边依然用带子固定。

极尽奢华的贵族们的穿着

平安时代约十一世纪

贵族

长保二年（1000 年），藤原彰子成为中宫，其父藤原道长则开始支配政界。藤原道长有云"此世即吾世"[1]，摄关政治达到巅峰，王朝文化开花结果。上层贵族为了彰显荣华富贵，导致装束进一步本土化、宽松化。

藤原道长日益专横，无视规矩和先例，使得原有的服饰方面的规则也变得不再具有约束作用。朝廷上的官员也出现了将上一代人的日常着装作为官服穿着的情况。"直衣"频频出现在宫中。而原本是在野外运动时穿着的"狩衣"作为日常着装出现，也始于此时。

---

[1] "此世即吾世，如月满无缺"选自藤原道长著名的《望月之歌》，表达了藤原一族志得意满的心情。

上层贵族日常穿着直衣。直衣因不受官位约束且可以自由使用颜色，而区别于"位袍"，又叫"杂袍"。但是随着获得天皇许可就能以"冠直衣"的形式入宫觐见的情况增多，直衣的色彩在一定程度上也受到约束。

立乌帽子

日常戴立乌帽子，进宫时将帽子换成冠，就成了"冠直衣"。

直衣

冬季为白底织浮线绫[1]纹样，夏季为二蓝色加三重襷纹样。这种形式逐渐作为一种规则固定下来。只不过二蓝色内，又有这样的规则：年轻人穿的服饰颜色会更偏红（下图左侧），随着年龄增长其所穿服饰的颜色里的红色会减弱（下图右侧）。

○平安时代中期以后的位当色

身份·位阶	当色	纹样[2]
天皇	黄栌染[3]	桐竹凤凰麒麟
皇太子	黄丹	窠中鸳鸯
上皇	赤	窠中桐竹、菊唐草等
亲王	黑	云鹤等
太阁	黑	云鹤等
摄政或关白	黑	云立涌
一位到四位	黑	有纹样
五位	深绯	有纹样
六位藏人[4]	曲尘[5]	尾长鸟牡丹唐草
六位以下	深缥	无纹样

桧扇

指贯

---

① 浮线绫：有职纹样的一种。原本浮线绫指的是纹样的纱线浮在织物表面而凸显出来的织造方式。由于这种方式织造的纹样多数为圆形的卧蝶纹，因此后世也直接用浮线绫来代指大型的圆形纹样。
② 本栏中的名词，均为纹样名。一种纹样名，对应一种特定的图案。
③ 黄栌染：以黄栌的树皮与苏木染色而成，唐朝时期由日本遣唐使传回日本。颜色偏橙褐色。
④ 六位藏人：藏人（"藏"读"收藏"的"藏"）是日本平安时代初期在律令制下所设置的官职，相当于天皇的秘书官。
⑤ 曲尘：酒曲上所生的细菌。因色淡黄如尘，亦用以指淡黄色。

TPO 全年・鹰猎或日常・中层与下层贵族
正式程度 ★★☆☆☆

顾名思义，狩衣就是鹰猎时穿的衣服，由于穿着时便于活动，它逐渐成为中层以下贵族的日常穿着。狩衣原本是麻布制的"布衣"，但自从贵族开始越来越多地穿着以后，就变成了绢制的丝织物，称谓上也多为"狩衣"。上层贵族原本不穿狩衣，但藤原道长外出时穿这种衣服以后，上层贵族外出时也开始穿狩衣。

狩衣

袖子只缝在后身片上，便于行动。前后身片的腋下部分也不缝合。

袖括的带子

鹰猎时，为防止袖子碍事，会在袖子上系扎袖子的抽绳，也就是袖括。袖括的宽度视年龄和身份而定。不允许登殿的六位以下的官员只能用名为左右縫的带子。

○袖括带子的种类

种类	年龄	特征
置括	15岁以下	华丽的装饰性的结法
薄平	34岁和35岁左右为止	紫色等薄的编织平绳
厚细	40多岁	黄色等厚的编织细绳
左右縫	50多岁	两股白色捻绳并排在一起
笼括	60多岁	从袖子里面的面料中穿过且只露出末端

立乌帽子

衣

蝙蝠扇

狩袴

比指贯更修身一些的裤子。

露先

系在袖子上的带子余下的部分。

浅沓

竞相攀比的典雅时代

　　藤原道长个人追求华美，但作为国家政治的领导者，又有限制过度奢华的职责，因此他几度发布禁止过度奢侈的律令。禁令尤其限制装束过于宽大，对袖长的尺寸也有了具体规定。

　　藤原道长作为国家的最高领导者，自身喜好奢华，致使禁令难以施行，贵族中竞相攀比的豪奢之风依然盛行。在藤原道长之前，服饰中的"冠"是非常柔软的"头巾"，自那时起却变成了涂漆且异常坚硬的样式。人们认为巾子变高就始于这个时代。

　　另外，官位与颜色的对应关系也发生了很大变化，四位以上为黑色，五位为深绯，六位以下为深缥的3个层级区分也始于这一时期。

TPO 全年·供职·有官位者

正式程度 ★★★★☆

这个时期，服饰向宽松化发展，这个特色同样体现在朝廷的勤务服中，束带成为宽松的袍子。形式上的巨大变化，首推襕的左右有蚁先鼓出。除了少数个例，这个规制一直沿袭到江户时代末期。

勤务服的完善形态

文官的束带（有官位者）

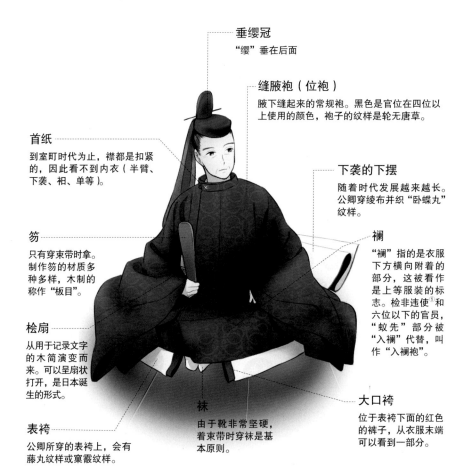

垂缨冠
"缨"垂在后面

缝腋袍（位袍）
腋下缝起来的常规袍。黑色是官位在四位以上使用的颜色，袍子的纹样是轮无唐草。

首纸
到室町时代为止，襟都是扣紧的，因此看不到内衣（半臂、下袭、衵、单等）。

下袭的下摆
随着时代发展越来越长。公卿穿绫布并织"卧蝶丸"纹样。

笏
只有穿束带时拿。制作笏的材质多种多样，木制的称作"板目"。

襕
"襕"指的是衣服下方横向附着的部分，这被看作是上等服装的标志。检非违使[1]和六位以下的官员，"蚁先"部分被"入襕"代替，叫作"入襕袍"。

桧扇
从用于记录文字的木简演变而来。可以呈扇状打开，是日本诞生的形式。

袜
由于靴非常坚硬，着束带时穿袜是基本原则。

大口袴
位于表袴下面的红色的裤子，从衣服末端可以看到一部分。

表袴
公卿所穿的表袴上，会有藤丸纹样或窠霰纹样。

---

① 检非违使：平安时代初期的警察司法总监。

武官指的是负责军事、警卫的官员，特别是六卫府[1]的武官叫作"卫府官"，允许携带弓箭。三位以上的公卿，即便是武官也穿缝腋袍、戴卷缨冠，配名为"绥"的装饰。兼任大臣的大将，则不再于卷缨冠上装饰绥，自己身上也不携带武器，弓箭由其随从携带。

武官的束带
（四位与五位）

行动方便且优雅

绥

用马毛制成的刷子状的部件。其来源和作用众说纷纭，至今不明。

平胡簶的箭

左近卫府用上下白色、中间部分为宽幅的黑色的"鹫羽"，右近卫府用有小斑点的"肃慎羽"。而马寮、兵库寮[2]的官员，即便身为武官也不带弓箭。

平胡簶

帖纸・笏

平绪

穿束带时挂刀用的腰带。腰带系起来之后的剩余部分垂在前端，后来这部分也独立出来，叫作"切平绪"。

仪仗用弓

装饰有莳绘、贴有名为"桦纸"的美丽的弓。仅装饰用，并不实用。

表袴

修身的裤子。五位官员的服装，如果不能使用禁色（禁止使用的颜色），这里就不带花纹。

卷缨冠

为了便于活动，武官会将垂在后面的"缨"卷起来。

阙腋袍

为了便于活动，腋下缝起来的袍叫作"袂"。深绯为五位的官员的当色，四位以上的当色为黑色。

仪仗用刀（细太刀）

昂贵的"饰太刀"的简略版。刀镡为"唐锷"的制式，这点与饰太刀相同。

带取革

连接刀鞘上的足金物[3]和绪（腰带）。平绪颜色为藏青色，则带取革为深蓝色，带取革的颜色随平绪的颜色而调整。

半臂短衣

穿在袍下面，从腋下露出的半臂短衣，为方便活动带有褶皱。

下袭的下摆

穿在半臂短衣下面的下袭，身后拖长的部分是下袭的下摆。地位越高，下摆拖得越长。最终下摆从下袭中分离出来，成为单独的一部分。

革靴

唐风牛皮制靴子。穿束带时，不论文官还是武官，原则上都要穿靴。

忘绪

原本指的是半臂短衣的腰带系好后垂下来的部分，最终也成了纯装饰性的部分，在边缘露出一点儿。

---

① 六卫府：负责警卫的左右近卫府、左右卫门府、左右兵卫府共 6 个部门的统称。——原书注
② 马寮和兵库寮都是日本古代律令制下的机关，马寮负责马匹的驯养、军队中的运输事务，兵库寮负责兵器的保管和分发。
③ 足金物：刀鞘上面的金属装饰，带取革从中间穿过。

束带衍生出的新装束

平安时代约十一世纪　文官与武官

相对于束带这种正式的朝廷勤务服，这个时期还有几种相对休闲的服装，也能在朝处理事务时穿着。就像"朝廷"这个词昭示的，它有一层含义：律令规定的出勤时间从黎明开始到中午前结束，是晨起型政务。在照明工具还不发达的古代，这个出勤时间合情合理。

但是到了 11 世纪左右，日本官员的出勤时间变得相对灵活，特别是中上层贵族经常从傍晚开始开会，直到深夜。有时开着开着，会议就变成了晚宴。议事方式也从站礼转为座礼，随之发生的变化就是官员们开始穿束缚的束带之外的服装。

宿直指的是为了应对临时的传唤，夜宿职能部门随时待命。没有重要事宜时，他们可以穿得很放松。这时束带中的下袭、表袴等可以不穿，而是穿比袴更宽松的裤子"指贯"。这种服装就叫"衣冠"或"宿直装束"，在穿着方式上不区分文官和武官。束带也开始叫作"昼装束"。这个时代白天不允许穿夜间出勤时的服装。

衣冠（宿直装束）
（有官位者）

夜晚出勤时穿的宽松服装

垂缨冠

缝腋袍（位袍）
袍子背部的格袋露在外面，没有下袭、下摆和石带等。

帖纸
可以用来记笔记或者擦鼻子的实用型纸张。后来变成举行仪式时用的硬挺纸张。

末广①

指贯
为了让夜间出勤时感到舒适，指贯的宽度是表袴的两倍。年龄越大其所穿的指贯的颜色越浅。

裸足
穿束带以外的服装时，基本不穿袜子。

---

① 末广：扇子的一种，又叫中启，正式程度仅次于桧扇。末广是这种扇子在朝廷和宫廷贵族中的称呼，因打开后末端展开而得名。

TPO 全年·重大仪式·有官位者
正式程度 ★★★★☆

布袴是正式程度比束带低一个等级的正装。它有别于面见天皇时的装束，而是用于婚礼等重要场合。布袴与束带不同的是，它用指贯取代了表袴，穿着时不分文官和武官，所有人皆穿缝腋袍、戴垂缨冠。

御前以外的场合取代了束带

布袴
（有官位者）

垂缨冠
发髻塞进筒状的巾子中，横向插簪子固定。

缝腋袍（位袍）
布袴中不用阙腋袍。

桧扇

武装用刀（野太刀①）
带刀时，为了区别于着束带时的仪仗用刀，会带野太刀。用革绪取代平绪把刀系在腰上。

下袭的下摆
固定在下袭上，走路时拖在后面长长的，用石带捆扎袍子。这几个特点与束带相同。

蚁先
襕多出来的部分，主要是为了便于行走。

指贯
为区别于着束带时的表袴，代之以指贯。

① 野太刀：90厘米以上的大太刀。

`TPO` 全年・供职・六位以下
`正式程度` ★★★★☆

贵族的保镖叫作"随身"。多由近卫府的低级官员担任，他们被配备给大将和次将，大臣依照天皇的命令也会配备随身。随身是下级武官，最初穿名为"褐衣"的阙腋袍，后为便于行动，转而穿身顷仅1巾的"衫"。

盛装的亲卫队

褐衣（六位以下）

细缨冠
六位以下的武官穿戴。缨壶上插着涂成黑色的两根鲸鱼须或竹。

蛮绘
在行幸行列等重大场合，会穿拓印着"蛮绘"的袍，蛮绘的内容是动物纹样。

阙腋袍
用六位以下的位当色，即深缥。

尻鞘
皮毛制的太刀袋，保护刀鞘用。

染分袴
裾浓袴，越到下方颜色越深。左近卫府的下摆用苏芳色，右近卫府的下摆用朽叶色。

麻胫巾
用麻等织物编织而成，用来包裹小腿。

草鞋

彰显年龄与地位的装束与『一日晴装束』

平安时代的贵族们基本很长寿。藤原道长的正妻源伦子享年90岁，中宫彰子享年87岁，藤原赖通享年83岁，这些人都是长寿之人。

那时候，不同年龄段的装束有不同的色彩要求。例如夏季直衣的颜色为"二蓝"，年轻人服饰的颜色会偏红，年纪越大则服饰中的红色越浅。50岁左右为缥、60岁为浅葱、70岁以上则用白色。40岁以上的人着狩衣时面料、颜色不限，但是里料用白色。身居高位兼高龄者会穿"宿德"，宿德是一种独特的装束。

一些特别的活动会允许贵族不受官位、年龄等限制，仅在活动当天穿着特殊的服装。这种在特别的日子放开限制的服装叫作"一日晴"。

正式程度 ★ ★ ☆ ☆ ☆

"宿德"指的是德高且有威严的人，也用来指代大臣等官位高且较为年长的人。另外，即便年龄相对较小，但身居高位，如大臣兼近卫大将等，也会被称作宿德。这些人的穿着，就叫"宿德装束"，宿德装束以白色为基本色调，对纹样等装饰性元素有比较严格的限制。

立乌帽子

桧扇（丁香染色，近棕色）
人们在夏季一般会为了凉风拿蝙蝠扇，但宿德可以一年四季都持桧扇。

白色直衣
穿此衣的人年龄越大衣服的颜色越浅，至宿德就不再用纹样。面料使用柔软的练贯[1]等。

肋息

白色指贯
和直衣一样，穿此衣的人年龄越大衣服的颜色越浅，宿德的指贯上没有纹样。

袜
原则上穿束带以外的装束不穿袜子，但身份为宿德的人穿任何服装都可穿袜子。

---

① 练贯：用生丝做经线，熟丝做纬线织就的丝织物。

TPO 重要仪式

正式程度 ★★★★☆

唐装束是用中国的面料做的服装，用于皇室行幸[1]、清凉殿法会[2]等场合。宋朝时，中国商人更为频繁地来到日本，舶来的"唐物"颇受日本人珍视，在当时身上能够有样儿自中国的物件则被视为名流的象征。这种情形在《宇津保物语》《荣花物语》等小说中也多有体现。

鲜艳的异国面料

唐装束

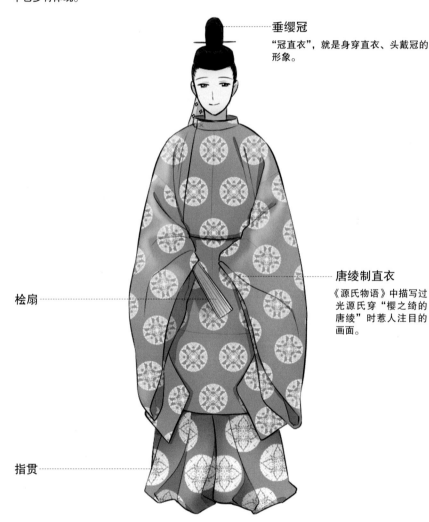

垂缨冠

"冠直衣"，就是身穿直衣、头戴冠的形象。

唐绫制直衣

《源氏物语》中描写过光源氏穿"樱之绮的唐绫"时惹人注目的画面。

桧扇

指贯

---

① 皇室行幸：指天皇拜见上皇或皇太后的情形。——原书注
② 清凉殿法会：每年五月在清凉殿举行的法会。——原书注

有皇室行幸、宫中法会、朝贺等特别活动时，会放开限制，允许贵族们随意穿着，这种装束叫作"一日晴"。其中最具有代表性的服装是"染下袭"。由于下袭的图案可以用画具自由绘制，各色美丽图案竞相争艳。

染装束
（公卿与殿上人）

自由的花色竞相争艳

石带的上方

垂缨冠

笏　　卷缨冠　　平胡籙的箭

石带的主体与平绪

染下袭的下摆

通常下袭有固定纹样，如冬季为白底织浮线绫，里料是浓苏芳色（后用黑色）。但"一日晴"装束中使用的下袭图案不同于织出来的纹样，它是染色而成，因此可以用画具绘制。这就给了创作者很大的自由，他们描绘出可与后世的友禅染相媲美的作品。《驹竞行幸绘卷》中展现了下袭拖曳的下摆并排挂在高栏上的画面。

专栏 ④

平安时代到室町时代的女性装束

系带衣服

婴幼儿衣服没有单独的腰带，带子直接缝在衣服上，穿的时候绕到身后系起来。现在的七五三节① 也有"着袴"仪式，古代儿童会在着袴之后开始使用独立的腰带，不再穿缝带子的衣服。

重袿

儿童不适合穿拖在地上的衣服，因此要穿相对短的衣服也就是"袿"。袿也可多层穿着，享受重色目的乐趣。

在婴幼儿死亡率很高的时代，人们庆祝孩子健康长大的心情比现代强烈得多。因此在儿童满 50 天、100 天、3 岁、5 岁、7 岁等日子时，人们都会好好庆祝一番，并在这些日子里对儿童衣服样式做相应调整。

婴幼儿最开始只穿长度与身高相同的上衣，衣上缝带子，绕过身体系在后面，样式非常简单。3 到 6 岁，会在"着袴"的仪式上穿上袴，也就是裤子。着袴以后，女孩子就可以穿看起来像女孩儿的服装了。

着袴之后最具代表性的女童服装是"重袿"。没有拖曳的下摆的服装曰"袿"。女童的日常着装就是披一件"袿"，下面穿袴。

"汗衫"也是女童服装，有"褻"和"晴"两种，前者日常穿着，

---

① 七五三节：祈祷孩子们健康成长的节日。

襟汗衫　　　　　　　　細长　　　　　　　　裳着

襟汗衫很薄，肩部没有缝合，敞开的部分用绳子固定。整体上是一种比较宽松的衣服。

除了图片所示，另外还有几种相对修身的儿童服装，都叫"细长"，关于细长的样式有诸多说法。

裳着是女性穿裳的仪式。上身的衣服束在裙子里，可谓从服饰层面展现了成年女性的谨慎与修养。

后者在仪式中穿着。襟汗衫是下装穿切袴[①]，上面叠穿单与祖，最上面披与身高等长的汗衫。晴汗衫大致与襟汗衫相同，只是最外层的汗衫更像"下摆加长的阙腋袍"，是在仪式上穿的女童正装。

"细长"是少女的正装，有关其具体形态众说纷纭。最为公认的形式是衣服的领子样式和袿一样从左右两侧垂下来，宽度较窄（因为没有接"衽"这块布），身幅较长。在近代，"细长"成为公家少女的服装样式。

女孩到了十五六岁基本定下结婚对象，会举行"裳着"仪式，穿"裳"之后就会被看作成年女性。在这之前，女孩穿的袴、单和小袖多为红色，"裳着"之后则多为"浓"色。浓指的是浓苏芳色，类似深酒红色。

① 切袴：长度到脚踝且没有带子的袴。

从
摄
关
政
治
到
院
政

新
服
饰
的
诞
生

平安时代约十二世纪

天皇与公卿

12 世纪摄关政治衰落，由上皇主持政治的"院政"兴起。尤其是在白河上皇确立了"治天之君"①的地位后，开启了上皇的强权统治。天皇的居所"内里"成为只是遵照旧例举行仪式的存在，而真正不受旧例束缚、进行政治活动的地方是上皇的"院御所"。

天皇的宫中，仅为仪式之用的服装"束带"开始形式化，会用到垫肩等，所以外形比较硬挺。这种束带叫作"强装束"。强装束很复杂，无法靠一己之力穿上，由此又派生出专业的着装技术"衣纹道"。而上皇的院御所内，人们穿平服的狩衣、戴乌帽子，可谓是装束方面的以下犯上。

---

① 治天之君：是日本古代至中世时期对不担任天皇职位，但掌握实权的皇族家督的称谓，通常是上皇或法皇。

TPO 全年·仪式时·天皇与公卿
正式程度 ★★★★★

在朝廷做官，基本着装原则是穿位袍，但在"内宴"等特定场合，"青色袍"却是最高等的时髦着装。天皇的位当色虽是黄栌染，但在一些简单仪式上也会穿青色袍。后来天皇日常穿的御引直衣升级成专门的仪式着装，而青色袍也可于重大仪式上穿着。

莺色的袍子
青色袍
（天皇与公卿）

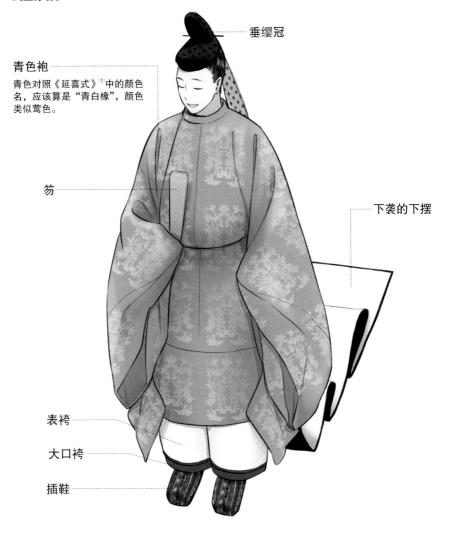

垂缨冠

青色袍
青色对照《延喜式》[1]中的颜色名，应该算是"青白橡"，颜色类似莺色。

笏

下袭的下摆

表袴

大口袴

插鞋

---

① 《延喜式》：平安时代中期，由醍醐天皇命藤原时平等人编纂的一套律令，其对于官制和仪礼有着详尽的规定。

TPO 全年・供职・高位高官

正式程度 ★★★☆☆

上皇在院御所内，举行首次穿狩衣的仪式叫作"布衣始"，之后朝臣们都可以穿狩衣来同上皇议政。但因当时的人们认为狩衣终归有些过于随意，于是又想出了在狩衣的下摆上加一块类似"襕"的布的方法，这种改过的样式成为以上皇为首的亲王、大臣、近卫大将等身居高位者的着装。这种装束，若由贵族大臣们穿叫作"小直衣"或"傍续"，若由上皇穿则唤作"甘御衣"。

狩衣与直衣的融合

小直衣
（高位高官）

小直衣
在狩衣上加襕和蚁先的形式，颜色、纹样、面料等制式规则都与狩衣相同。

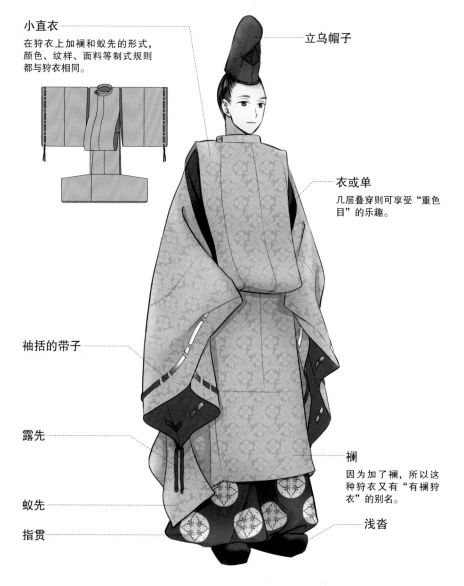

立乌帽子

衣或单
几层叠穿则可享受"重色目"的乐趣。

袖括的带子

露先

蚁先

指贯

襕
因为加了襕，所以这种狩衣又有"有襕狩衣"的别名。

浅沓

从『雅』之风情到『风流』之华美

　　院御所不受前例规则束缚的自由风气，影响了那个时代贵族们的审美意识。在那之前，贵族们欣赏的是重视自然风情的"雅"，之后却逐渐追求视觉效果，开启了华美的"风流"时代。束带的"强装束"样式，带有硬挺的线条，也是受时代风气的影响吧。

　　这个时代，武士势力兴起。平清盛在平治元年（1159年）的平治之乱中获得政治权力，他将武士之风带入贵族文化。治承四年（1180年），贵族们也开始穿武士的服装"直垂"，《方丈记》对此有记载。

TPO 全年・供职・有官位者
正式程度 ★★★★☆

天皇居所内举行仪式要求使用深色服饰，这和"风流"的美学意识一起产生影响，造就了这种只注重形式的服装样式。白河法皇编纂的流行歌谣集《梁尘秘抄》中就有描述"时京中流行，肩当、腰当①和乌帽子"，这些都印证了强装束的特点。

垂缨冠

首纸

笏

缝腋袍（位袍）
把面料加厚，涂上糨糊，再使用填补材料，就可以造就出服装棱角分明的轮廓。这种样式以源有仁为中心得以流传开来，源有仁和鸟羽上皇一同进行了对装束的样式改革。

下袭的下摆
这个时代下袭的长度很长，根据规定大臣、纳言和参议的下袭长度分别为7尺②、6尺和5尺。

袖
袖角部分向上弯曲翘起。

襕

表袴

大口袴

蚁先

平绪

袜

① 肩当指垫肩。腰当指腰衬。
② 尺：1尺约为30.3厘米，测量装束时使用曲尺。——原书注

TPO 全年·日常或供职·贵族

正式程度 ★★★☆☆

狩衣原本意如其名，指的是野外狩猎时穿的服装。《源氏物语》中有光源氏为了伪装成下层贵族身着狩衣的描写，这说明在天皇居所内是不能穿狩衣的。但在上皇的院御所就可以不受此约束，狩衣于是成为贵族们的"准公服"。

成为京都的时髦装束

狩衣
（贵族）

立乌帽子

蝙蝠扇
桧木薄板拼接起来的桧扇，变成了扇骨上贴薄纸的蝙蝠扇。除了夏季用来扇风，还可在需要遮挡面部时使用。

狩衣
原本下等人穿的麻制狩衣"布衣"变得高级起来，制作上开始使用绫织物等。

衣
狩衣和下面穿的衣服色彩对比强烈，形成美丽的"重色目"。

当带
原则上和狩衣用同样的面料，但是也有用不同颜色的腰带"替带"或"风流带"等来制作。

露先
扎袖子的绳子露出的部分。

狩袴
在一些需要活动的场合，会穿白色、修身的裤子。

裸足

浅沓
趿着穿的样式简单的鞋子。

TPO 全年（护身用）·武士

正式程度 ★☆☆☆☆

12世纪后期武士们穿的护身装束是"下腹卷"，
他们会在装束下面穿叫作"腹卷"的护身铠甲。
《吾妻镜》[1]中有关于源来朝在东大寺修造供养
时，在束带下面穿铠甲的记载。

隐藏武装之姿

下腹卷
（武士）

布衣

《源平盛衰记》中，有保
护平忠胜的家臣平家贞在
腹卷上面穿布衣的记载。
他穿的布衣为麻制没有纹
样的狩衣。

立乌帽子

将高高的立乌帽子折起来，便于行动。

腹卷

保护腹部和腰部
的简易铠甲。

毛拔形太刀

实际战斗时使用的
太刀。

---

① 《吾妻镜》：又称《东鉴》，是日本的一本编年体史书。

武士兴起
风雅的都城着装

　　12世纪，清和源氏与桓武平氏等武家逐渐得势。源义家[1]因在"后三年之役"中镇压豪族叛乱而名声大振，并在镇压延历寺的山法师[2]中立下战功，于承德二年（1098年）获得可以出入院政所在的清凉殿的资格。武家获得权力，大抵有几条出路：作为"泷口武者"[3]在宫中做武士；成为制衡上皇院政的"北面武士"；在摄关家等大家族中担任上级公卿的家臣等。

　　武士生活在地方上不受朝廷规矩约束，着装上也偏自由风格。他们日常喜欢穿简便的"直垂"，执行公务则穿"水干"。而从地方进京的武士们都喜好风雅，服装面料多为绫织物或锦，里料则非常鲜艳。

---

①　源义家：日本平安时代后期的著名武将，是河内源氏的嫡流出身。
②　延历寺的山法师：延历寺的僧兵。僧兵在日本平安时代末期发展成强大的武力集团。
③　泷口武者：负责天皇所在的皇宫安保事务的武士。

TPO 全年・日常或供职・武士

正式程度 ★★★☆☆

在日本公家社会①，直到平安时代中期"直垂"指的都是寝具，但到了平安时代后期，从地方来京都的武士，从故乡穿来的衣服被叫作直垂。随着武士的地位上升，直垂演变成类似水干的服装。

襦袢

穿在里面的衬衣，样式可自由选择。

胸绳

到室町时代为止，都是用简单的绳子系起领部。

折乌帽子

就《伴大纳言绘卷》等画卷中的相关描绘来看，人们认为折乌帽子的样式诞生于平安时代末期。

直垂

没有衽且腋下不缝合。除了麻，还会用到平绢、纱、绫等豪华的丝织面料，可谓体现了都城之"风雅"。

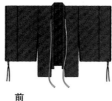 

前　　　　　　　后

直垂的袴

裤脚折边，里面穿了绳子，可使裤子膨起来。

绪太

---

① 公家社会：泛指为日本天皇与朝廷供职的官员和贵族阶层。

TPO 全年·日常或供职·武士

正式程度 ★★★☆☆

从平安时代到镰仓时代，住在京都的平民穿的服装都叫"水干"。很多画卷中都描绘了水干的样式。从地方来的武士，也开始喜欢穿有京都风韵的水干。武士喜好"风雅"，他们将原本平民日常穿的水干，变成了使用丝织物乃至锦等豪华面料的服装。

京都风情的日常穿着
水干
（武士）

折乌帽子

作为泷口武者在宫中供职时，会穿水干并戴帽子。

水干

形式上和狩衣基本相同，不同处是狩衣用结蜻蜓头[1]扣固定领子，水干则用长绳（首纸的带子）固定，并带穗状菊缀。

前

后

首纸的带子

带子的样式有很多，除了固定在右襟，还有在前面系成蝴蝶结等样式。

菊缀

为了加固接缝的绳子。原则上会固定在前身的中间、后身连接两袖的地方、袖口与里袖的接缝部分等五处。菊缀不仅起到固定的作用，还有装饰性。

袖括的带子

水干袴

用葛布等结实的面料做的裤子。

露先

绪太

---

① 结蜻蜓头：形似蜻蜓头的一种盘扣方式。

风流优雅并蓄 充满不解之谜的装束

　　10 世纪的"女房装束"要穿十二层，也就是所谓"十二单"。到了11 世纪，这种华美之风愈盛，据说衣服会重叠穿到二十层之多，足以见其豪华。衣服层叠呈现的色彩变化，叫作"重色目"，它将自然之美反映到服色上，是"雅"的美学意识的体现。

　　12 世纪的美学意识"风雅"，也影响了女性服装。据当年有关十二单的文献记述，人们会在裳上挂玉或在唐衣上系形状不明的带子，甚至还会使用名为"风雅"的假花、金箔等作为装饰。但是这些服饰的具体样式仍有许多不明之处，我们今日仍未能知晓其全貌。

TPO 全年・仪式时・童女
正式程度 ★★★★☆

"童女"是伺候女主人的年轻侍女，她们会在很多仪式上出现，也非常引人注目。童女在仪式上穿的服装叫"晴汗衫"。晴汗衫的形态和日常穿的"亵汗衫"完全不同。其特征是领子不扣起来而是做成开襟的形式，然后在女性长裤之上穿男性的表裤。

因长下摆而引人注目的晴装束

晴汗衫

（童女）

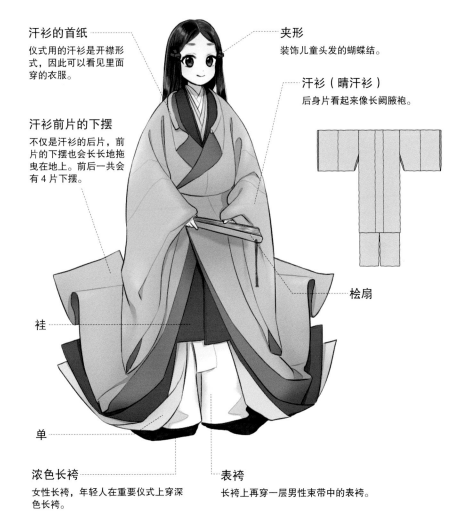

汗衫的首纸
仪式用的汗衫是开襟形式，因此可以看见里面穿的衣服。

汗衫前片的下摆
不仅是汗衫的后片，前片的下摆也会长长地拖曳在地上。前后一共会有4片下摆。

裄

单

浓色长裤
女性长裤，年轻人在重要仪式上穿深色长裤。

夹形
装饰儿童头发的蝴蝶结。

汗衫（晴汗衫）
后身片看起来像长阙腋袍。

桧扇

表裤
长裤上再穿一层男性束带中的表裤。

67

TPO 全年・供职

正式程度 ★★★★☆

当时的"**风雅**",意味着"华丽地将自己的风格展现在人前"。女性竞相展示豪华服饰,发展至异常奇谲的地步。女房装束挂起来,还能作为室内装饰的一部分。在房间隔断用的竹帘内侧,将女房装束挂在几帐(隔断房间的一种帷幔)上,这种服装的美丽,尤其是袖口呈现的色彩叠加之状,成为一道风景。这种展示有个专有的说法叫"**打出**",因其形式华丽深受人们喜爱。

愈发豪奢华丽

女房装束

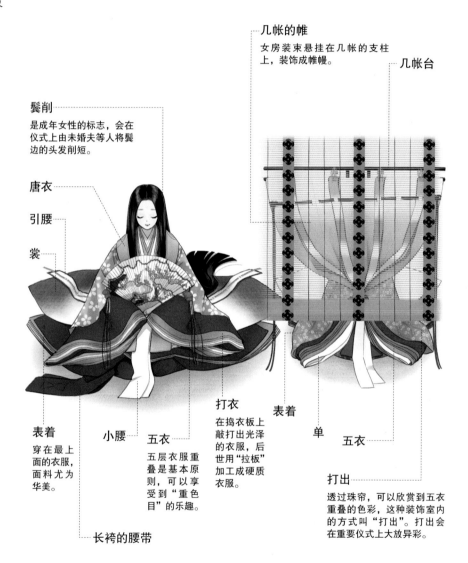

几帐的帷
女房装束悬挂在几帐的支柱上,装饰成帷幔。

几帐台

鬓削
是成年女性的标志,会在仪式上由未婚夫等人将鬓边的头发削短。

唐衣

引腰

裳

表着
穿在最上面的衣服,面料尤为华美。

小腰

五衣
五层衣服重叠是基本原则,可以享受到"重色目"的乐趣。

打衣
在捣衣板上敲打出光泽的衣服,后世"拉板"加工成硬质衣服。

表着

单

五衣

打出
透过珠帘,可以欣赏到五衣重叠的色彩,这种装饰室内的方式叫"打出"。打出会在重要仪式上大放异彩。

长袴的腰带

特立独行之姿

"风雅"中诞生的

"白拍子"指的是在 12 世纪颇具人气的女性艺者，在《平家物语》《源平盛衰记》等小说中她们频频登场。其中就有深受平清盛宠爱的祇王姐妹、佛御前和源义经的爱妾静御前等人，加之白河法皇对此也很热衷，这使得白拍子在上流社会大受欢迎。

白拍子的艺能是唱当时的流行歌谣"今样"，并配合舞蹈。据说这种艺能形式是由鸟羽上皇时期的"岛千岁"与"和歌前"两名游女开创的。据《源平盛衰记》描述，白拍子穿着舞蹈的服装看起来雌雄莫辨，这令人觉得不可思议，可谓是"男装丽人"，呈现了那个风雅的时代欣赏倒错之美的审美偏好。

TPO 宴席·白拍子

正式程度 ★★☆☆☆

据《源平盛衰记》的"祇王祇女佛前事"所述，白拍子草创时期的岛千岁与和歌前等人，身穿直垂、头戴立乌帽子、腰间佩太刀，完全是男性的着装方式，因此也被叫作"男舞"。

白拍子的装束

（平安时代）

草创期为男装

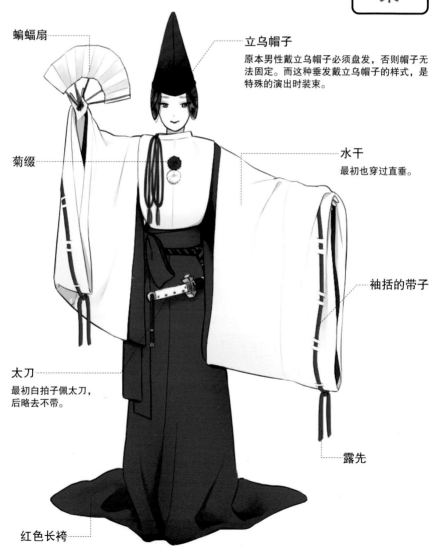

蝙蝠扇

立乌帽子

原本男性戴立乌帽子必须盘发，否则帽子无法固定。而这种垂发戴立乌帽子的样式，是特殊的演出时装束。

菊缀

水干

最初也穿过直垂。

袖括的带子

太刀

最初白拍子佩太刀，后略去不带。

露先

红色长袴

TPO 宴席·白拍子
正式程度 ★★☆☆☆

白拍子最初期的乌帽子和太刀因"过于粗蛮"，被摒弃了，过渡到了只要水干和袴的样式。水干原本是男性服装，因此这种打扮兼具男装与女装的特色。《源平盛衰记》中描述了佛御前穿白色袴和水干，头发向上盘起，在平清盛面前起舞的情景。

向上盘起的头发
白拍子仅在诞生初期戴过乌帽子。

水干

蝙蝠扇

白色长袴

男女装混搭的独特风格
白拍子的装束
（平安时代）

单重袿
夏季穿的袿，与薄单常叠穿。

白小袖

水干

红色长袴

红色大口袴
原本是男性束带里穿的下装。

穿着水干与袴起舞
白拍子的装束
（镰仓时代）

TPO 宴席·白拍子
正式程度 ★★☆☆☆

镰仓时代的日记文学《不问自语》中出场的白拍子姐妹，姐姐穿苏芳色单袭和袴，妹妹穿女郎花素色水干，大开口袖上有荻草纹。妹妹跳完舞后，备受期待的姐姐在袴外面再穿上妹妹的水干起舞，因此异常有趣。水干和袴在那个时代似乎也是白拍子的象征。

平安时代到室町时代的男性装束

半尻

用华丽的浮织物制成，袖括的带子为"毛拔形"。皇子则在其中饰以小的菊缀。

水干

最流行的童装。负责牛车的仆人无论多大都被看作孩童，因此即便高龄者也穿水干。

　　"半尻"是男孩穿袴之后的代表性童装，形似狩衣。但为了便于儿童活动，其后身的下摆比通常的狩衣短。上流社会通常给儿童穿半尻，现代皇室在"着袴仪式"上也穿半尻装束。

　　中层以下的贵族儿童多穿"水干"，这也是一种便于活动、适合活泼好动的孩子们的服装。如在寺院里做童仆的牛若丸①、侍奉武家的"小舍人童"等，就多穿这种衣服。孩子穿的水干在很多细节上展现了只有童装才有的可爱，比如袖括的带子和半尻一样，做成毛拔形。再比如水干上的菊缀做得很大，上衣装饰有5处，袴上装饰有4处等。

　　上流贵族子弟为学习行为礼仪，会到宫中做"童殿上"，这时穿

① 牛若丸：指源义经，日本平安时代末期著名的武士，牛若丸为其年幼时的名字。

童直衣

除了尺寸小，其余均与成人穿的
直衣相同。指贯为龟甲纹底加卧
蝶丸纹样，很是华丽。

童形束带

身幅窄，衣摆却很长，因此文献中多形容
此款衣服为"细长"。平安时代这种服饰
除了图片所示的黄色，还多用到红色。

"童直衣"。童直衣和成人穿的直衣形式相同，只是纹样和天皇一样都用小葵纹。

古代的元服之礼相当于现代的成人礼，这时会给孩子穿"童形束带"。童形束带采用的也是适合活泼的孩子们的阙腋袍，元服之礼之前袍子的颜色为无官位的黄色。天皇和皇太子（包括现代天皇及皇太子在内），还会在头上戴叫作"空顶黑帻"的护额。

儿童服装基本都注重外形可爱和活动方便这两方面因素。面料多用华丽的浮织物，这种面料的缺点是容易勾丝。或许这是因为孩子们长得很快，人们对儿童服装的诉求，比起耐用更注重外观的可爱吧。

关于衣纹道

　　平安时代后期，流行棱角分明的"强装束"，从此束带就成了仅靠自己无法穿上的服装，也因此诞生了专业的着装技术"衣纹道"。三条天皇的孙子源有仁尤其热衷此道，因其将衣纹道的技术进一步体系化，被称作"衣纹道之祖"。源有仁之后，衣纹道被德大寺家和大炊御门家继承，再其后是由山科家和高仓家传承至今。

　　负责宫中装束采购的职能部门的历任长官"内藏头"，都由山科家担任，直到江户时代结束，山科家都负责天皇在宫中的装束。而高仓家则为上皇、将军和武家穿着装束，可谓气派非常。

　　两个流派的分歧，在束带的穿着方式上最为明显。比如袖子上的褶皱有两道时为山科流，有一道时则是高仓流。另外在针脚缝法方面，袍子衣襟处用来扣领子的蜻蜓头，山科流用"+"字形缝，高仓流用"×"字形缝。现代只有天皇和皇太子穿的服装，用山科流的针脚。

袖子上的褶皱数

有两道褶皱为山科流　　有一道褶皱为高仓流

缝蜻蜓头的针脚

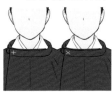

"+"字形是山科流　　"×"字形是高仓流

石带的呈现方式

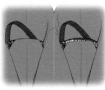

看不见宝石的（左）为山科流，可以看见一半宝石的（右）为高仓流。

第三章

镰仓时代的装束

武家时代装束的新序列

建久三年（1192 年）源赖朝成为征夷大将军，以镰仓为政治中心与以京都为据点的平家抗衡。镰仓由此发展出与京都完全不同的武家文化，装束方面也发生了巨大变化，新的装束等级就此产生：上级武家的礼服是"狩衣"，其次是"水干"，一般武士穿"直垂"。

承久三年（1221 年），后鸟羽上皇讨伐镰仓幕府，上皇战败，是为承久之乱。这之后镰仓幕府在京都设置了六波罗探题[①]，掌控包括京都在内的全国统治权。从这时起出现了武士们穿直垂出入宫中的情景，并影响到了公家，公家也开始逐步接受直垂。

---

① 六波罗探题：镰仓幕府设置在京都的行政机关首领，主要目的是监视朝廷公家，因其设在京都六波罗而得名。

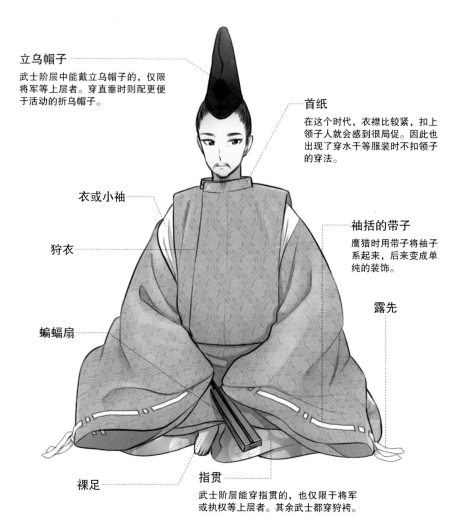

TPO 全年·重要仪式·上级武士
正式程度 ★★★★★

12世纪院政时代，狩衣出现在院御所，并逐渐公服化。而武士将狩衣当成礼服，让这种倾向更进一步。《吾妻镜》中多见武士们在重要宴会上穿布衣的描写。

狩衣
（上级武士）

升级为武士礼服

立乌帽子
武士阶层中能戴立乌帽子的，仅限将军等上层者。穿直垂时则配更便于活动的折乌帽子。

首纸
在这个时代，衣襟比较紧，扣上领子人就会感到很局促。因此也出现了穿水干等服装时不扣领子的穿法。

衣或小袖

狩衣

袖括的带子
鹰猎时用带子将袖子系起来，后来变成单纯的装饰。

露先

蝙蝠扇

裸足

指贯
武士阶层能穿指贯的，也仅限于将军或执权等上层者。其余武士都穿狩袴。

77

TPO 全年·供职·上层武士

正式程度 ★★★★☆

水干原本是平民服装，武士开始穿水干以后，水干就升级成武士的常服，并诞生出各种各样的搭配形式。如水干和袴用同样面料制成的"水干上下"，或者只有袖和衽的部分用不同的面料让水干看起来更美丽等。

搭配丰富多彩的日常穿着

水干
（上层武士）

立乌帽子

水干的襟（垂领）
为了穿着轻松，胸襟处采用垂领。讨厌束缚的武士不喜欢穿狩衣那种将脖子遮起来的领子，更喜欢垂领。

水干

首纸的带子
穿垂领时，首纸的带子多斜向一边系着。

蝙蝠扇

菊缀

露先
袖括带子系好后剩余的部分。

指贯
指贯原本是公家装束中的下装。

袖括的带子

水干袴（水干上下）

袴用和水干完全一样的面料，成套穿着时，这一身装束叫作"水干上下"。

首纸的带子（前面结扣）

水干的领子（垂领）

立乌帽子

水干

水干的端袖、衽

仅袖口、衽部颜色不同，呈现"风流"，为武士喜爱。

立乌帽子

首纸的带子

水干

菊缀

菊缀

水干袴

纬纱使用结实的葛布面料。

浅沓

武士仅在特别的仪式上穿浅沓。

浅沓

武士的服装 自由的直垂成为主流

镰仓时代 武士

　　镰仓时代的中下层武士日常喜欢穿着方便舒适的"直垂"，头戴"折乌帽子"。"折乌帽子"是将立乌帽子折叠多次，再用纸捻把头发扎起来固定在帽子里面。武士势力崛起以后，他们在京都也穿直垂，甚至穿成这样去宫中参见天皇。

　　"铠直垂"是战时服装，用豪华的锦制成，修身并装饰着很多华丽的菊缀。官军大将在得到特许的情况下，还可穿"赤地蜀江锦"，而后世也逐渐将红色的锦看作是大将使用的面料。若像日常那样佩戴乌帽子它就会遗落在战场上，因此人们用悬绪（帽子下方的绳子）将乌帽子固定在下巴处。

原本只有上衣才叫直垂，后来用同样面料
做配套的袴，这一整套装束也叫直垂。上
衣和单相同，身顷2巾，没有衽，腋处不缝
合。左右衣襟处都有简单的绳子，可以在
胸前系起来。

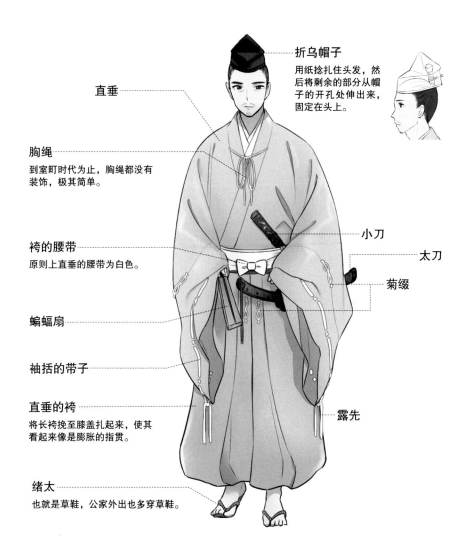

折乌帽子
用纸捻扎住头发，然
后将剩余的部分从帽
子的开孔处伸出来，
固定在头上。

直垂

胸绳
到室町时代为止，胸绳都没有
装饰，极其简单。

袴的腰带
原则上直垂的腰带为白色。

蝙蝠扇

袖括的带子

直垂的袴
将长袴挽至膝盖扎起来，使其
看起来像是膨胀的指贯。

绪太
也就是草鞋，公家外出也多穿草鞋。

小刀

太刀

菊缀

露先

81

TPO 全年·战时·武士

正式程度 ★☆☆☆☆

到平安时代末期为止，上级武士的铠装，都是在铠甲下面穿类似水干形式的衣服。源平合战的时代之后，武士们开始穿铠直垂。为了便于外穿铠甲，衣服的袖子和袴都做得很修身，但无论色彩还是装饰都比普通直垂更加华丽。

战时的修身直垂
铠直垂（赤地蜀江锦）
（武士）

铠直垂

铠着装时

折乌帽子
在战场打仗时，为了将乌帽子固定在头上，会使用悬绪。

悬绪

胸绳

菊缀
作为"只是在某一时期穿着的服装"，装饰有众多菊缀。

铠直垂
用比普通直垂更华丽的锦制成，尺寸合身。

袖括的带子

铠直垂的袴

露先

强装束的流行与公家衰落的开始

天皇的皇宫"内里"，与其说是政治中心，不如说是更像举行仪式的地方，加之强装束流行，束带成了特殊的礼仪服装。从神护寺的《传源赖朝像》可以看出束带线条硬朗，且需要专业的穿着技术才能穿上。这种没有舒适性的束带，不再适合朝臣处理日常政务时穿着。

于是，原本只是夜间穿着的宿直衣，变得也能在白日穿着，它被称为"衣冠"。衣冠成为官员们白日里的勤务服。另外春日参拜、赛马、行幸等公开活动上，官员们也开始穿衣冠、带太刀，作为"晴装束"。这种转变的形成也有公家在地方的庄园支配权被武士抢夺，其经济上不再宽裕的缘故。

TPO 全年・仅重大仪式・有官位者

正式程度 ★★★★★

装束师有给人穿强装束的专业技巧，可以将该装束做出棱角分明的效果。这种被特殊化的装束，成为仅在天皇宫内举行隆重的仪式时才会出现的穿着。

源赖朝也穿过的硬挺装束

束带（强装束）

（有官位者）

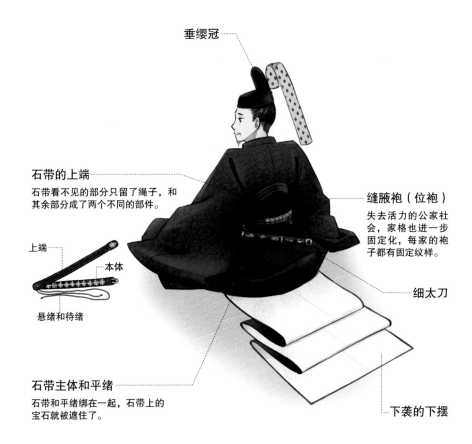

垂缨冠

石带的上端

石带看不见的部分只留了绳子，和其余部分成了两个不同的部件。

上端

本体

悬绪和待绪

石带主体和平绪

石带和平绪绑在一起，石带上的宝石就被遮住了。

缝腋袍（位袍）

失去活力的公家社会，家格也进一步固定化，每家的袍子都有固定纹样。

细太刀

下袭的下摆

正式程度 ★★★★☆

衣冠代替束带，成为官员们白天在朝廷上的勤务服，甚至出现在仪式上，这个时代的文献记载了许多相关的着装事例。衣冠不穿下袭，不拖曳衣摆，也不用石带，穿起来极为方便。但由于外观不够华丽，于是又出现了"出衣"。出衣像直衣那样叠穿在袍的下面，只露出下摆。

升级为朝廷勤务服

衣冠
（有官位者）

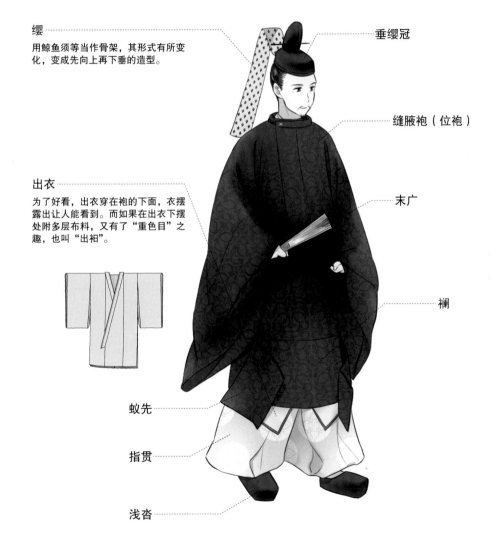

缨

用鲸鱼须等当作骨架，其形式有所变化，变成先向上再下垂的造型。

垂缨冠

缝腋袍（位袍）

出衣

为了好看，出衣穿在袍的下面，衣摆露出让人能看到。而如果在出衣下摆处附多层布料，又有了"重色目"之趣，也叫"出衵"。

末广

襕

蚁先

指贯

浅沓

镰仓时代 公家

受武家文化影响的公家装束

院政时代产生的"小直衣",到了镰仓时代被大规模普及开来。对贵族们来说,原本直衣是随意穿着的日常装,但直衣加戴帽子变成"冠直衣"以后,逐渐成为朝廷上的勤务服,变得正式化。加之受强装束的影响,直衣的着装难度也变得复杂,于是容易穿着的小直衣成为公家的日常服装。

平家全盛时期,武士的装束"直垂"逐渐影响到公家,公家也开始穿着直垂。这一趋势在镰仓时代进一步深化。承久之乱后,朝廷失势,镰仓幕府上位。公家失去了庄园的支配权,经济上日渐窘迫,这些也成为公家采用直垂的时代背景。

TPO 全年・日常・高位高官

正式程度 ★★☆☆☆

平安时代末期出现的小直衣当时仅限于高位高官、大臣或近卫大将穿着。到了镰仓时代，允许穿小直衣的范围略放宽松，还有大纳言穿着小直衣的记录。

镰仓时代的贵族日常穿着

小直衣
（高位高官）

立乌帽子

髻

乌帽子内结名为"小结"的发髻，固定在头上。

小直衣

小直衣

14世纪初的《春日权现验记绘卷》描绘了一位神穿小直衣的场景。

松

�_襴_

袖括的带子

露先

蚁先

大口袴

这时开始穿比指贯更轻快舒适的切袴"大口袴"。

蚁先

指贯

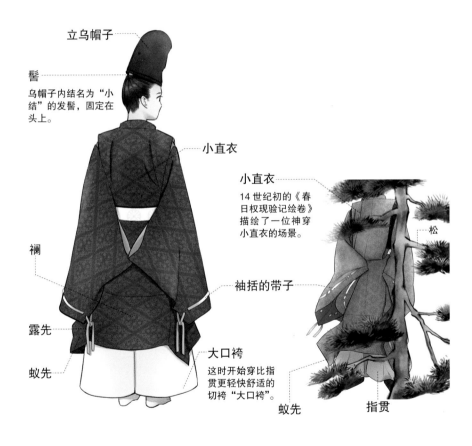

TPO 全年·日常·公家

正式程度 ★★☆☆☆

武士穿直垂出现在宫中之后，公家穿直垂的贵族也多了起来，这种趋势从平家全盛时期就开始出现了。不同之处在于，武士戴折乌帽子，公家戴立乌帽子。

不仅武士，贵族也会穿着

直垂
（公家）

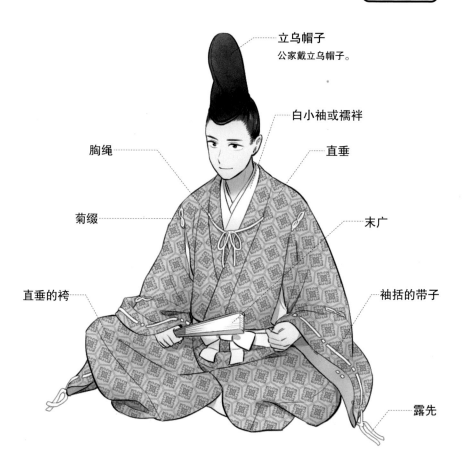

立乌帽子
公家戴立乌帽子。

白小袖或襦袢

直垂

末广

袖括的带子

露先

胸绳

菊缀

直垂的袴

华丽装束的简便化

女性装束的华丽在 11 世纪达到巅峰，那之后开始向简便化发展，其简便性甚至超过了男性装束。御引直衣曾经是天皇的平服，可于仪式之后穿着，女性装束将此当作范例，开始普及不穿裳的服装——小袖。小袖也由内衣变成外衣，《不问自语》中有文永八年（1271 年）女性在新春穿着"浮织梅唐草纹的两层小袖"的记载。

平安时代，小袖加袴的穿法曾被视为"裸姿"，而现在宫中的女官，在执行勤务的场合也开始这样穿。另外在腰间系"汤卷"，形似围裹裙的"裳袴"等简便的服装也得到普及。

TPO 全年·供职

正式程度 ★★★☆☆

衣袴姿 简单的勤务服

平安时代的日常穿着是衣袴姿，就是穿小袖和长袴，在这之上再穿数层衣的简便服装。到了镰仓时代，这种穿着进一步简化，最终成为宫中正式的勤务服。而从前的女房装束成为被叫作"物具姿"的最高级装束，只在重要的仪式上才会穿着。

白小袖

平安时代后期开始，白小袖被作为贴身衣物来穿。

袿

披在白小袖上的简单服装，也省去了穿在下面的单。镰仓时代末期进一步简化，袿被省略，小袖和袴成为女性的日常服装。

红色长袴

TPO 全年·供职·下层女官

正式程度 ★★★☆☆

顺德天皇在镰仓时代前期所著的有职故实的解说书《禁秘抄》中，对宫中下层女官的服饰有相关记载"及近代不着衣，仅着小袖唐衣"。小袖外面不穿裳，不再穿衣，是因为小袖本身变好看了的缘故吧。

变美的小袖

小袖袴之姿

（下层女官）

小袖

颜色从白色变得更加色彩斑斓，之后也就从内衣升级成外衣。镰仓时代的日记文学《建春门院中纳言日记》①记载有"织物的五小袖"，《不问自语》中有"鲜艳的小袖""唐绫制的两层小袖"等记述。

白小袖

浅葱色长袴

正式场合穿红色长袴，日常则可穿各种颜色的长袴。

---

① 原书没有书名，"建春门院中纳言日记"借用全书开头的和歌为题目。本书以在宫中做过女房的女官在晚年回忆往事的口吻写成。

TPO 全年・日常
正式程度 ★★☆☆☆

镰仓时代后期,小袖只需单穿而不再搭配穿袴。于是女性穿着小袖出现在人前时,下身会叠穿一件类系围裹裙的"裳袴",画卷中常能看到这个穿法。"汤卷"是平安时代在汤殿侍奉的女官穿的实用型服装,到了镰仓时代就开始变成外衣了。

小袖改良的简单着装
裳袴与汤卷

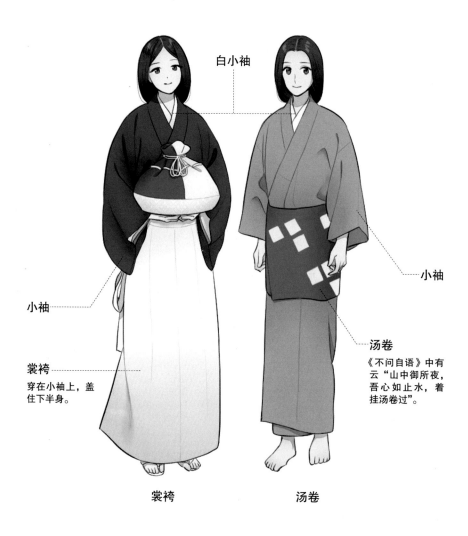

白小袖

小袖

小袖

裳袴
穿在小袖上,盖住下半身。

汤卷
《不问自语》中有云"山中御所夜,吾心如止水,着挂汤卷过"。

裳袴

汤卷

关于纹样

桐竹凤凰麒麟

平安时代中期开始成为天皇专用纹样。纹样上的各种图案都是圣君的象征。

窠中鸳鸯

平安时代后期开始定为皇太子专用。使用这个纹样的原因不详。

轮无唐草

用于袍，官位在五位以上的诸家族通用纹样。《传源赖朝像》中袍的纹样。

辔唐草

同样也是官位在五位以上的诸家族通用纹样。《传平重盛像》中袍的纹样。

八藤丸

多用于表袴及指贯的纹样。现代传统服饰中，上层神职人员的袴也多用这种纹样。

窠霰

年轻人在重要仪式上穿的表袴所用纹样。打底的市松纹样为"霰"，上面的花纹是"窠"。

卧蝶丸

多用于下袭等装束。由丝绸之路传来的团花纹演变而来。

先间菱

女性所穿的单的纹样。衣纹道的山科流称之为"千剑菱"，高仓流称之为"幸菱"。

　　装束上的古式纹样，又叫"有职纹样"。纹样既有和风，又让人感到有异域风情，或许因其发祥于古希腊与波斯萨珊王朝的缘故。奈良时代，这些纹样经遥远的丝绸之路，从中国传到日本。这条源远流长的纹样之河，流淌了一千多年，经历了时光与美的锤炼，成为今日我们看到的样子。

　　服装上的纹样，如袍、单、表袴、指贯等上面的纹样，受身份、门第约束，在一定程度上有固定的样式。有的纹样可以自由选择，如狩衣和女性装束的纹样等。装束上的纹样，还遵从这样的原则：穿着者年龄越小，纹样就越小且数量越多，反之则纹样越大且数量越少。

第四章

室町时代到战国时代的装束

武家与公家文化融合的时代

室町时代　男性

室町时代，足利氏在京都揭开了幕府统治的新序幕，第三代将军足利义满历任太政大臣与征夷大将军，同时站在了公家与武家的权力顶峰，也将两者的文化融合了起来。掌管装束衣纹道的山科家与高仓家各成一派，臻至繁荣。

受镰仓时代的流行趋势影响，"衣冠"正式成为公家的正装。衣冠有两种，在衣冠内穿"单"的"衣冠袭"装束，与不穿"单"的"衣冠"装束。一方面，由于衣冠袭被定位成更高级的装束，因此只在重大仪式上使用；另一方面，服饰发展得愈发精简，出现了用麻质红色布片做单的假襟和假袖子，只有这两个部分的单，叫作"袖单"。而公家只穿直垂就参见皇族的情况也逐渐增多。

穿在位袍下面的单，叫作"衣冠单"，作为正装用于重大仪式。原本怀揣帖纸、手拿桧扇是最常规的打扮，后来桧扇被带红云纹样的折扇取代，这种折扇叫作"妻红末广"。无论穿衣冠还是衣冠袭，官员们在拜神以外的场合都不持笏。

以单之色展现优雅

衣冠袭
（有官位者）

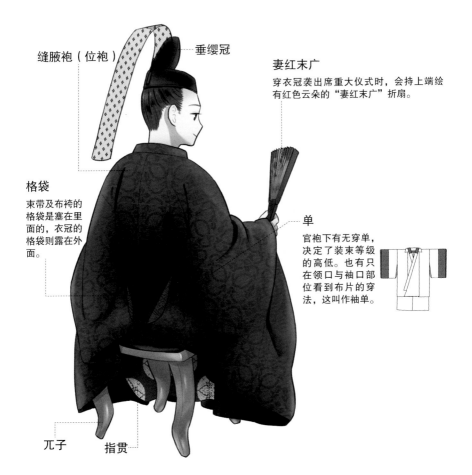

缝腋袍（位袍）

垂缨冠

妻红末广
穿衣冠袭出席重大仪式时，会持上端绘有红色云朵的"妻红末广"折扇。

格袋
束带及布袴的格袋是塞在里面的，衣冠的格袋则露在外面。

单
官袍下有无穿单，决定了装束等级的高低。也有只在领口与袖口部位看到布片的穿法，这叫作袖单。

兀子

指贯

TPO 全年・供职・有官位者

正式程度 ★★★★☆

不穿单的衣冠，可作为官员们日常在朝廷中的勤务服。悬绪原则上用纸捻，倘若以擅长蹴鞠为由，得到飞鸟井家的许可，就可以使用紫色的丝编带。据说为了争夺这个许可权，飞鸟井家和天皇还起过争执。

鞠

垂缨冠

悬绪

参与需要剧烈运动的蹴鞠活动时，就得用带子固定帽子。用紫色的丝编带制作的悬绪，要得到蹴鞠名家飞鸟井家的认可才能使用。

缝腋袍（位袍）

末广

持末广，但夏季也用蝙蝠扇。

襕

蚁先

指贯

袜

蹴鞠时会穿鹿皮袜子。后来这种袜子和鞋一体化，成了后来的"鸭沓"。

皮制带子与浅沓

在蹴鞠专用的皮制鞋子"鸭沓"发明之前，人们通常都穿浅沓，并用皮制带子固定。

鸭沓

浅沓

简便流丽的小袖成为主角

室町时代 女性

室町时代，女性衣装中的小袖进入全盛时期，人们开始用更加美丽的面料做小袖。伴随着这个趋势，小袖变大了一圈且更加华美，并出现了新的穿法，即在小袖上披一件类似袿的衣服。最终这种衣服被命名为"打挂"。后来又有了夏季把打挂的上半身脱掉并挂在腰间的穿法，叫作"腰卷"。普通女性不再穿袴，甚至连宫中的下层女官也渐渐将袴省去不穿。

当时的社会要求女性外出时面部不能被人轻易看见，女性头戴大斗笠，将打挂从头上罩下来等穿法，都始于平安时代。

TPO 全年·日常

正式程度 ★★★☆☆

打挂的样式与小袖相同，但为了能披着穿在数层小袖外面，它的袖子被做大，后面的衣摆也被加长。打挂是最外层的衣服，因此会用特别华丽的面料制成。近代公家女性穿的打挂，称作"搔取"。夏季将打挂系在腰间的穿法"腰卷"逐渐形制化，成为近代身处高位的武家夫人的夏季礼服。

披美丽的小袖

打挂与腰卷

打挂

本质上是更为宽大的小袖。因为是穿在最外层的衣服，通常使用极为华丽的面料制成。作为女性的正装，打挂如今也用于结婚典礼等场合。

小袖

打挂

腰卷

将上半身的打挂脱掉并用腰带固定在腰间的穿法。行座礼时，打挂会在地面上铺陈开来，给人以华丽的视觉印象。

小袖

腰卷

TPO 全年·外出时

正式程度 ★★☆☆☆

大顶宽檐的"市女笠"上挂着叫作"虫垂衣"
的面纱。面纱为何要冠以"虫"名？既因其材
质是用苎麻植物纤维制成（苎在日文中读作
karamushi, 音末同虫的发音），也有可以用
其遮挡小虫或蚂蝗等虫类的缘故。

壶装束（虫垂衣之姿）

薄垂衣盖住的旅行之姿

市女笠
用菅草等编的女性外出时用的斗笠。

虫垂衣
苎麻纤维织的薄布，可以
遮挡蚂蝗等虫类。

袿

单

悬带
为避免衣服从前面散开，从
前面到后面围一圈系起来的
带子。

悬守
挂在脖子上的护身符，里面
放了经文、佛像等，以保路
上平安。

指贯样式的红袴
除了图中样式，也穿男性
样式的指贯。

将袿折起
为便于行走，
将袿的下摆折
至腰间。

绪太

TPO 全年·外出时
正式程度 ★★☆☆☆

将打挂从头顶罩下来并遮住脸的旅行装束，又叫"被衣"。去拜佛时，会将悬带从前向后绕一圈系在胸前，并在胸前挂悬守。悬守里面放的是佛像或经文。

披衽的旅行之姿
壶装束（衽）

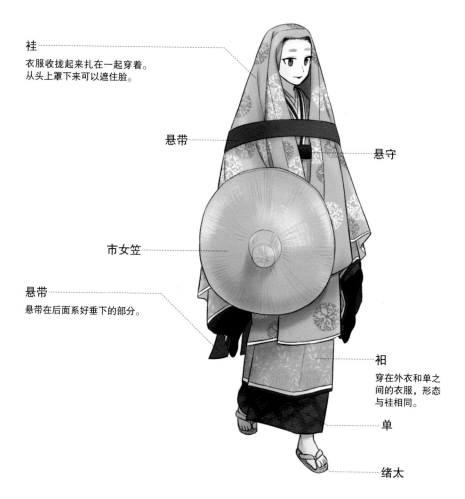

衽
衣服收拢起来扎在一起穿着。
从头上罩下来可以遮住脸。

悬带

悬守

市女笠

悬带
悬带在后面系好垂下的部分。

袙
穿在外衣和单之间的衣服，形态与衽相同。

单

绪太

简便至上的战乱时期

　　应仁元年开始的应仁之乱，开启了战国时代。各地的领主和大名为扩张势力范围争战不休。朝廷衰落，幕府之令也不足以威慑四方，这是一个礼崩乐坏的时代。装束的简便化成为最大诉求，直垂是镰仓时代以来的武士服装，到了此时只有上层武士才穿。中层及以下的武士穿"素袄"，素袄是形式更加简便的直垂。武士连乌帽子也渐渐省去不戴。

　　去掉素袄的袖子，就成了更加便于活动的"肩衣"。肩衣本是室町时代中期以后武士的日常服装，到了战国时代，却又成为这个时代的礼装之一。江户时代，肩衣进一步改良并逐渐形制化，就成了"裃"。

TPO 全年・供职・家臣阶层

正式程度 ★★★☆☆

镰仓时代以来，就有郎党①将主家之纹放大后染在直垂上穿着的传统，但本图所示却是"大纹直垂"的简化版本"素袄"。素袄形式与直垂类似，只是没有里料，且省略了袖括的带子等。

折乌帽子

折乌帽子最终发展成前部高出的"侍乌帽子"。

皮制胸绳

直垂的这个部分是用丝编带制成，素袄则用鹿皮制平绳。因此素袄也被叫作"革绪直垂"。

素袄

直垂的简化版本。省略袖括的带子和露先等。

袴的腰带

直垂用白布做腰带，素袄则用和袴一样的面料做腰带。袴与上衣都用同样的面料。

家纹

水干、直垂等衣服上原来放菊缀的部分，变成了家纹。

革绪

绪太

---

① 郎党：武士的随从和私兵。与主君有血缘关系的称家子，没有血缘关系的称郎党。

`TPO` 全年・日常或礼装・武士

`正式程度` ★ ★ ★ ☆ ☆

著名的长兴寺藏《织田信长像》中描绘了织田信长身穿肩衣并下着长袴的形象。虽说室町时代后期，武士们更多穿长度仅到脚踝且方便活动的半袴，但《织田信长像》是绘于其一周年忌日时的肖像画，可见当时肩衣长袴是一种礼装。这个时代的肩衣与后世的裃不同之处在于，左右襟会在下方交替在一起。

露顶
室町时代后期开始，武士不在头上戴帽子的时候居多。他们开始将头顶的头发剃掉，这种发型就是"月代头"。

小袖

家纹
肩衣的两胸与后背染有家纹。织田信长用的是足利义昭赏赐的桐纹。

小袖

肩衣
去掉素祆上衣的袖子之后的简便服装。之后演变成为裃。

小刀
这个时代的刀，最普遍的形式是在刀柄处缠绕绳子。

长袴
这个时代，将长袴扎起来做成指贯的形式还保留着。武士们也会穿半袴。

关于重色目

表里的重叠

梅

正月里使用的代表性色目。表面的白色代表花瓣，里面的苏芳色代表花蕊。

柳

表白色、里青色的搭配，它在四季有不同的名称，春为"柳"，夏作"卯花"，秋是"菊"，冬唤"松之雪"。

女郎花

表黄色、里青色，该颜色黄中带青。在古典文学中经常出场并代表秋的颜色。

海松色

刺松藻色，高龄者用的色目。多用于40岁以上的人穿的狩衣，里料配白色。

衣的重叠

松重

表现赤松叶与枝干的色彩搭配，用于各种庆祝仪式。

红之匀

同色系搭配起来的渐变叫作"匀"。四季通用，用于庆祝仪式。

里倍红梅

里料比面料颜色深叫作"里倍"。表现的是花瓣和花萼的颜色。

紫之薄样

颜色渐变，越来越浅，最终变成白色，称作"薄样"。

男性的狩衣与衣、女性的装束，都会顺应季节特点，用"重色目"来体现自然旨趣。重色目有三重含义。

重色目的第一重含义，是"表里的重色目"。在古代，细蚕丝织成的面料很薄，里料颜色会通过面料透出来。古人利用这一点，通过变换面料与里料的颜色，展现樱花和红叶等自然景致的风情。

重色目的第二重含义，是"叠穿衣服的重色目"，即穿数件衣使得衣色重叠，展现出复杂的色彩搭配。

重色目的第三重含义，是"织色的重色目"。织造时变换经纱与纬纱的颜色，形成结构色才有的闪烁变化。

第五章

江户时代的装束

江户时代 天皇与上皇

天下太平 新制度的诞生

庆长二十年（1615 年）的大阪夏之阵中，丰臣家灭亡，江户幕府紧随其后发布了《禁中并公家诸法度》，规定了天皇、朝廷和公家的行动规范。规范的内容既参照了镰仓时代顺德天皇所著的《禁秘抄》，考虑了前朝规制，也有新增内容。其中第 9 条是关于装束的规定，明确规定天皇除了礼服、御袍、御引直衣之外，还可穿着"御小直衣"。在那之前天皇并未有过在正式场合穿着小直衣的先例，由此新的装束制度诞生。

另外，上皇的御袍按规定应使用赤色或黑色，也可穿小直衣。此前上皇虽然也穿过赤色袍，但此规定正式将赤色定为上皇的当色。

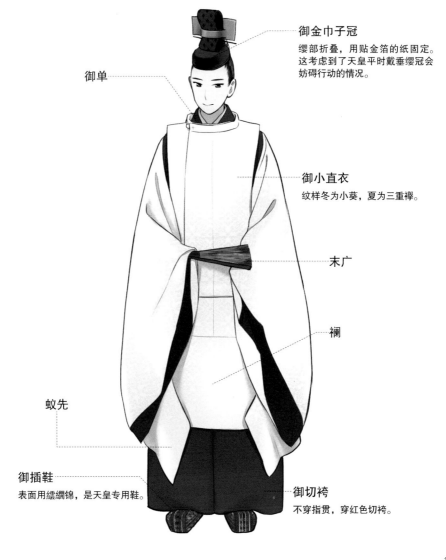

TPO 全年·日常·天皇

正式程度 ★★★☆☆

在夏季，天皇的御小直衣与下臣相同，二蓝色底色加三重襷纹样，冬季则为白绫配小葵纹样。戴冠的时候，将冠的缨折叠起来，用贴金箔的纸固定，称作"御金巾子冠"。下装穿的不是指贯，而是红色的切袴。

御小直衣
（天皇）
戴独有的冠

御金巾子冠
缨部折叠，用贴金箔的纸固定。这考虑到了天皇平时戴垂缨冠会妨碍行动的情况。

御单

御小直衣
纹样冬为小葵，夏为三重襷。

末广

襴

蚁先

御插鞋
表面用繧繝锦，是天皇专用鞋。

御切袴
不穿指贯，穿红色切袴。

TPO 全年·仪式时·上皇

正式程度 ★★★★☆

"赤色"在平安时代的律令《延喜式》中，叫作"赤白橡子"，是参加朝廷的特别仪式时，天皇及官居最上位的大臣等人的袍色。进入江户时代，《禁中并公家诸法度》中将赤色规定为上皇的袍色，从此它成为上皇的专用色。

单

垂缨冠

冠上刺绣的纹样根据监护人，也就是"冠亲"[①]所在的门流而定。

下袭

笏

下袭的下摆

赤色袍

上皇经常使用赤色。就现存的面料来看，实际是红褐色，纹样多用窠中桐竹和菊唐草等。

表袴

---

① 冠亲：在成人礼上为年轻人戴冠的监护人。近代以来，天皇的冠亲由"五摄家"中的家主担任。

传承下来却逐渐变化的装束

　　堂上公家（指有资格升殿议政的公家）的朝廷勤务服是衣冠。这个时代的衣冠与以往相比不同之处在于领口宽大、首纸的位置变低。于是可以从领口看到袍下面穿的单、衣和小袖等。冠变得很小，最普遍的戴法是用绳子固定系在下巴处。据说经济上不再宽裕的众多官员，去朝廷执行勤务时甚至会穿租借的衣服。

　　公家日常则穿狩衣，天皇的敕使从京都到江户时原则上也穿狩衣。和袍一样，狩衣的领口变得宽大，乌帽子变小。乌帽子是用和纸涂漆加硬后的"张贯"制法制作，再用绳子固定在头部。

TPO 全年・供职・有官位者

正式程度 ★★★★☆

形态上除了袍的领口变大且首纸的位置变低之外，并未有太大变化。《禁中并公家诸法度》中规定的位当色，也与从前一样，纹样则沿用瞥唐草和轮无唐草等各家旧例。还规定就任大臣以后，必须用异纹（与从前不同的纹样）。不满16岁者戴的冠上面头部有一个洞，这种开洞的形式叫"透额"。

衣冠
（有官位者）
襟变大，冠变小

首纸
江户时代的首纸开口很大，能看见里面的衣服。

悬绪
一般用纸捻，获得蹴鞠认证资格后就能用紫色的丝编带。

垂缨冠
江户时代变得非常小，需要用绳子固定。

白色小袖
公卿的小袖用绫制作，一般官员的小袖则用平绢制作。

缝腋袍
本图为各家通用的瞥唐草纹样黑袍。

指贯
乌襷是不到20岁的年轻人使用的纹样。

江户时代，公家穿得最多的服装就是狩衣，通常用于日常外出和简单仪式等。《禁中并公家诸法度》对狩衣并没有限制，因此人们可以使用各种色彩与纹样。

立乌帽子

用忍挂[1]式悬绪固定。家世在大臣以上的公家才可使用。另外平堂上[2]的公家中不满16岁的少年也可戴立乌帽子。

风折乌帽子

用翁挂[3]式悬绪固定。家世在平堂上的公家才可使用。

狩衣

指贯

源氏的年轻人穿龙胆襷纹样的指贯。

替带

特意使用与狩衣的当带不同的面料。替带使用下袭的面料，系好后上端露出一截里料。

押折

为方便雨天行走，衣服后摆向左上方折起，夹在当带里面。

指贯

日野家用曲尘纹样的指贯。

下摆的长度到脚踝

下摆绑在膝下

指袴

指贯

考虑到经费削减与避暑的需要，江户时代产生了将指贯裁掉一部分而长度到脚踝的指袴。除了在每月初一和十五两个仪式日要穿古代样式的指贯以外，其余日子就可以穿指袴。

---

① 忍挂：乌帽子里有两个环，绳子从环穿过系在下巴上的悬挂方式叫作忍挂。

② 平堂上：有升殿议政资格的各家，指的是名家、羽林家和半家等。这三家与摄家、清华和大臣家合称"堂上家"。——原书注

③ 翁挂：悬绪完全绑在帽子表面。蹴鞠运动时多用这个绑法。

江户时代 武士

传承两百多年的武家装束制度

元和元年（1615 年），江户幕府制定了幕府内的服装制式。幕府将其作为"当家历世之永式"，意欲永久流传，这个服装制式一直延续到幕府末期。其中规定，重要的仪式穿"装束"，简单的仪式穿"肩衣长袴"，即便仪式规模小，但如果是像八朔①这样的重大节日，则要穿"白帷子"。

"装束"用于元日拜贺、增上寺参拜和每年三月的敕使应答等重大仪式，武士们根据身份不同穿直垂、狩衣、大纹、布衣和素袄这五个等级的装束。

"肩衣长袴"则用于正月的御谣始、三月的上巳节和十月的玄猪等简单仪式，半袴在日常或正月的镜开仪式等场合穿着。

---

① 八朔：旧历的八月一日，是江户幕府开府纪念日，也是对江户幕府来说在正月之外最为重大的节日。——原书注

TPO 全年·重大仪式·武士（三位以上与侍从以上）

正式程度 ★ ★ ★ ★ ★

在重大仪式上，三位以上的大名或官职在侍从以上的四位大名，以及旗本①等人要穿最高等的装束"直垂"。直垂的面料为绢。颜色方面，除了将军用的紫色，将军世嗣用的绯色，以及德川秀忠、德川家光用的萌黄色以外，可以自由选择。

武家最高等的装束

直垂
（三位以上与侍从以上）

立乌帽子
只有将军戴。将军以外的人戴风折乌帽子。

胸绳

白色小袖
内衣穿白色小袖。

直垂
没有纹样，紫色是将军的专用色。

菊缀
丝编带结成"菊缀形"菊缀。

末广

长袴

○江户时代"装束"与身份的对应关系

官位	幕府内的身份	礼服用的装束
大臣	将军	紫色或绯色直垂
大纳言	世嗣	绯色直垂
侍从以上	御三家、大大名、上级旗本和高家	直垂
四位	谱代大名和旗本	狩衣
五位	外样大名	大纹（布直垂）
相当于六位	旗本（特定职位）	布衣
无位	旗本（平士）	素袄

① 旗本：一种武士身份。一般是对在江户时代领地未满一万石，但有资格面见将军，且属于德川将军家的直属家臣的统称。

TPO 全年・重大仪式・武士（四位）

正式程度 ★★★★★

四位的大名和旗本等武士的正装是狩衣。亲藩、谱代大名和领地在10万石以上的大名等都属于与此相同的阶层。这种狩衣形式和公家的狩衣相同，只是不论冬夏都用纱制面料，颜色和纹样则没有硬性规定。内衣穿白小袖，佩带小刀。

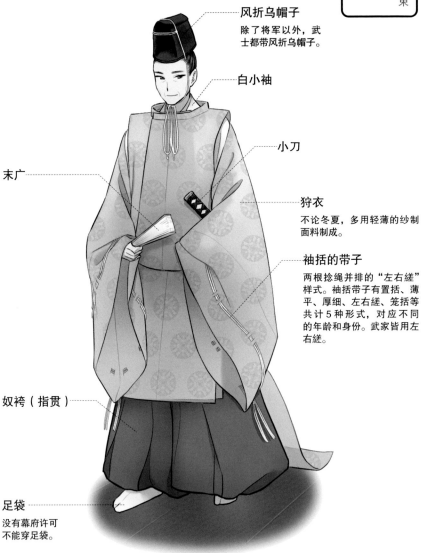

风折乌帽子

除了将军以外，武士都带风折乌帽子。

白小袖

小刀

狩衣

不论冬夏，多用轻薄的纱制面料制成。

袖括的带子

两根捻绳并排的"左右缝"样式。袖括带子有置括、薄平、厚细、左右缝、笼括等共计5种形式，对应不同的年龄和身份。武家皆用左右缝。

末广

奴袴（指贯）

足袋

没有幕府许可不能穿足袋。

中小大名与中级旗本的装束

江户时代 武士

　　"大纹"是幕府内部"诸大夫"的装束。诸大夫，指的是相当于五位的大名与旗本。10万石以下的大名，位居大目付、町奉行、勘定奉行等要职的旗本，都属于这个范围。大纹在缝制等方面参照直垂的标准，除此以外面料为麻，在后背、两胸、袖子的前后和袴的前后共计10处都染有家纹。

　　没有明确的官位等级界定，地位相当于六位的中级旗本穿"布衣"。位居御番头、御小姓组组头、御枪奉行的武士都属于这个级别。布衣装束就是没有纹样的狩衣，下着浅葱色奴袴。大纹以下装束的内衣，不再穿白小袖，原则上穿"熨斗目小袖"①。

---

① 熨斗目小袖：江户时代武士穿大纹、素袄、麻裃时的内衣。

117

TPO 全年・重大仪式・武士（五位）

正式程度 ★★★★★

大纹是"布直垂"的正式名称，原则上采用麻制。穿着时不带末广，用蝙蝠扇。下装是与上衣相同面料的长袴。戴风折乌帽子，帽子配合武家的发型，前后方向较长。

大纹（布直垂）

后背、胸、袖、袴的前后均以拔染法印上家纹。

蝙蝠扇

在竹子等细骨上贴扇面。

风折乌帽子

为配合武士发型，前后方向较长。

熨斗目小袖

内衣是熨斗目小袖。

小刀

刀鞘做成虾壳状纹路、涂红漆（海老鞘卷），没有刀镡。

袴的腰带

参照直垂用白布。

菊缀

菊缀的部分鲜明地以拔染法印有大尺寸的家纹。

露先

袖绳不像袖括的绳子那样穿过袖口，而是从袖子内部穿过，只露出绳头，是为"笼括"。

TPO 全年·重大仪式·武士（相当于六位）

正式程度 ★★★★★

布衣是"没有花纹的狩衣"，它既是装束名，也是对穿此装束的中级旗本阶层的称谓。"布"的意思是麻制，但"布衣"后来也改为用丝织物，其与原则上用麻的"大纹"差异极大。乌帽子为风折乌帽子，内衣为熨斗目小袖。

从麻制到绢制

布衣

（相当于六位）

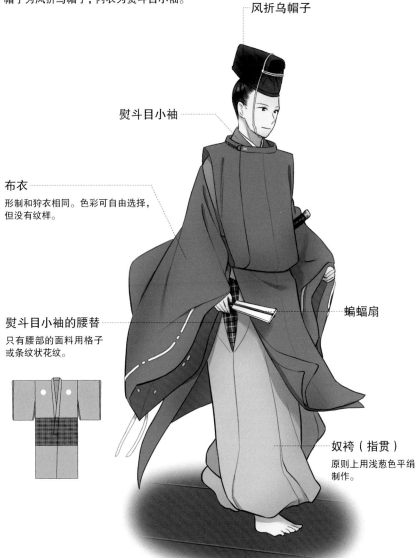

风折乌帽子

熨斗目小袖

布衣

形制和狩衣相同。色彩可自由选择，但没有纹样。

熨斗目小袖的腰替

只有腰部的面料用格子或条纹状花纹。

蝙蝠扇

奴袴（指贯）

原则上用浅葱色平绢制作。

119

室町时代以来传承的服装制度与流传至今的装束

江户时代 武士

江户幕府学习了室町幕府的服装制度，因此装束同样设为直垂、布直垂（大纹）和素袄。穿素袄的阶层包括：地位没有到布衣的下级旗本中的普通武士、10万石以上的外样大名的家臣、四位侍从以上的谱代大名或旗本的家臣。直垂原则上不使用纹样，素袄则不同，后者既可使用各种纹样，颜色也多种多样。内衣为熨斗目小袖，戴形状特别的"侍乌帽子"。

以上介绍的装束，包括素袄在内，都属大礼服。中礼服是"肩衣长裤"，通常称"长裤"。从将军到整个武士阶层，都穿同样形式的装束。江户时代的武士只在三月三日和五月五日穿熨斗目小袖，在德川家康入主江户的纪念日八月一日则穿白帷子。

无固定颜色，面料为晒布①，胸绳和小露均为皮制。袴的腰带很细，所用面料和上衣面料相同，腰带背部绘有家纹。悬绪无固定颜色，使用圆形丝编带。

大名家臣的装束
素袄
（普通武士）

侍乌帽子
是折乌帽子改良而成，因其形状奇特，又被叫作"舟形乌帽子""纳豆乌帽子"等。

素袄

袴的腰带
和袴用同样面料。

熨斗目小袖

胸绳
鹿皮制的绳子。

小露
小露是简化了的菊缀。质地为鹿皮。

---

① 晒布：用草木灰水漂白后经过日晒的布，材质通常为棉或麻。

TPO 全年·简单仪式·武士（将军到旗本）

正式程度 ★★★★☆

肩衣加裤的装扮就是"肩衣长裤"。肩衣诞生于室町时代后期，之后随着时代变化逐渐形制化，到了江户时代中期，成为传承至今的"裃"。熨斗目小袖成为高级的小袖，作为大纹以下的装束或肩衣长裤的内衣穿着。

肩衣长裤（熨斗目长裤）

（将军到旗本）

家纹
家纹印在肩衣的两胸、后身的中央和长裤的腰带后面共计 4 处。

蝙蝠扇

长裤
和肩衣用同样面料，因而也被唤作"上下"。

肩衣
从江户时代中期开始，除了图中所示样式，也会用到全体呈碎花状的"小纹"。

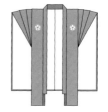

熨斗目小袖
夏季穿没有里料的染帷子。在八朔等节日穿白帷子时，又称"白装束"。

熨斗目小袖的腰替
"熨斗目"原本是丝织物名，后来渐渐用来指代小袖，特指腰部有条纹或格子花纹"腰替"的小袖。

　　肩衣半袴在正月初七的人日[①]、四月一日的更衣节等简单的仪式穿着，或者在日常穿着。元禄年间（1688—1704年）的肩宽约为1尺，到了元文年间（1736—1741年）肩部穿入鲸鱼须，使得两肩向两端展开。文政年间（1818—1830年）则发展成名为"海鸥形"的肩，襞也从2条增加到3条。

　　正如装束名"袴"所示，它由同样面料的肩衣与袴构成，享保年间（1716—1736年）也允许穿上下使用不同面料的"继袴"。袴装束沿袭素袄传统，不用里料。但在江户幕府第9代将军德川家重的时代，也允许使用里料。

---

① 　人日：正月初七，传说这天是人类的诞辰日，也被叫作"人日""人日节"或"人胜节"。

TPO 全年·简单仪式或日常·武士
正式程度 ★★★☆☆

袴的形式随着时代变化，颜色也有缥、海松茶、木贼、茶等色，可自由选择。初期纹样很大，到了享保年间成为小纹。家纹放在左右两胸和背部。穿小礼服时配熨斗目小袖为内衣，日常登城时穿素色底带纹样的小袖。

月代

到幕府时代末期为止，有主人的武士必须剃月代头。

襦袢

肩衣

因和袴是不同面料，叫作"继裃"。

小袖

小袖的两胸、两袖后面、后背，共计 5 处以拔染法印有家纹。

半袴

江户时代半袴的长度相当于现在一般的袴的长度。裆的位置随着时代变化越来越向下，到了天明年间（1781—1789 年）左右，裆到下摆的距离仅余 3 寸（约 9 厘米）。

幕府时代末期，社会变得不安定。人们一切从简，追求便于活动的服装。文久二年（1862年）的服装改革中，熨斗目长袴被废止，日常服装中用羽织代替肩衣，裆的位置也升高，成为便于行走的"裆高小袴"。最终幕府时代末期的士兵，还穿起了西式服装。

走向混乱的幕府时代末期

羽织与裆高小袴

（武士）

总发

文久改革以后，武士不必再留麻烦且必须每天剃的月代头了。

小袖

家纹

两胸、两袖的后面和后背，共计 5 处以拔染法印有家纹。

羽织

后身背缝的下半段，为方便带刀不缝合，这个样式叫"打裂"。

裆高的小袴

方便人们大步走动的袴。

足袋

原本没有许可不能穿足袋的规定，在幕府时代末期被解禁。武士穿的是带鼻绳的草履，因此自古以来都不穿袜而穿足袋。

125

一脉相承的简素及对平安复古风的尝试

江户时代 女官

　　江户幕府为皇室、朝廷的行为拟定了规范，经济上也给予一定保障。即便有经济基础，装束却并非一朝一夕之功可以复兴。女官们习惯了简便服饰，日常基本穿简素的"小袖袴"。有时不穿袴，只披打挂。仪式上虽穿"裳唐衣"，但这个时代的裳与平安时代不同，会在"缬缬裳"上面再穿裳，并将这件裳的"悬带"系在前面，看起来就像背着裳一样。

　　这种变化后的裳唐衣，在江户时代中期的享保年间、江户时代后期的天保年间曾几度复兴，是对平安复古风的尝试。

TPO 全年·仪式·高层女官

正式程度 ★ ★ ★ ★ ★

和古代的裳相比，长度减半，省去了垂下来的小腰。取而代之的是加了悬带，系在身前，将裳穿在身后。裳的下面穿"纐缬裳"。

江户时代的十二单

裳唐衣

（女御与高层女官）

发饰
从圆形饰物底部延伸出3根剑形装饰，这种发饰叫作"平额"。

五衣
五衣的衣摆中塞入棉花，制造出分量感。有仅在看得见的部分做出多层衣重合的穿法。

悬带
悬带系在身上，穿起来就像身披裳一样。裳与唐衣用同样的面料。

桧扇

唐衣
江户时代，唐衣与悬带用同样的面料。另外值得注意的是，平安时代是在裳上面披唐衣，近代以后在唐衣上面穿裳。

裳
江户时代的裳，附有悬带。整体比平安时代的裳短。

表着

引腰

悬带

红色长袴

TPO 全年·供职·女官

正式程度 ★★★☆☆

女官的日常服装是"小袖袴"，这套装束只穿
白小袖和红色长袴。白小袖上曾有过刺绣。
另外高层女官在天皇面前曾穿过"大腰袴"，
大腰袴穿着方式有些奇特。

简单的日常装

小袖袴与大腰袴（女官）

长袴的腰
袴上的腰带叫作"腰"。
长袴的腰斜跨到一侧肩
膀系起来。

白小袖

红色长袴

大腰袴

小袖袴

正式程度 ★★★☆☆

叫作"女嬬"的下层女官，不穿袴，将掻取缠
在腰上，做成像"腰卷"一样的形状。这件
衣服叫作"挂衣"。挂衣的特征是，比一般小
袖的袖长短且袖角圆，八口位置不开口。

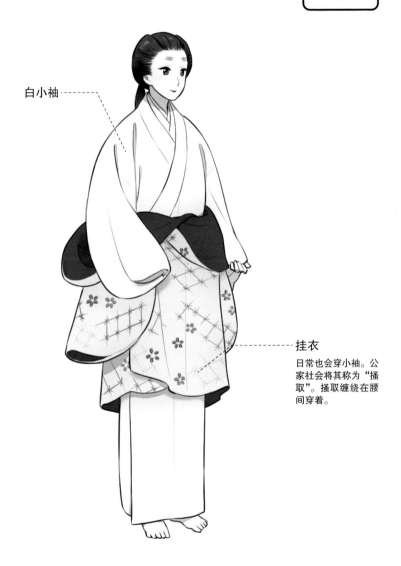

白小袖

挂衣

日常也会穿小袖。公
家社会将其称为"掻
取"。掻取缠绕在腰
间穿着。

专栏 ⑨

江户时代儿童的装束与发型

稚儿髻与垂袖、长绢

稚儿髻是公家儿童的代表性发型。日常穿着垂袖,除了可以穿水干形式的垂袖,还可穿垂领的直垂。下装穿长绢袴,整体的装束又可被叫作"长绢"。

鬓幅与长绢

儿童稍微长大一点时,会用油将头发固定成两到三束,做成环形,垂在前额,这种发型叫"鬓幅"。男性在成年后从事公务时,也会留这个发型,作为正当年少的象征。

　　江户时代的公家通常在经济上不宽裕,加之当时服装造价高,因此无法享有奢侈的着装。公家的男孩,会穿着古代样式的半尻、水干等作为礼服,日常穿"垂袖",垂袖指的是袖子很长的衣服,下装则穿带菊缀的长绢袴。女孩一般穿小袖,不穿袴。小袖的下摆、袖口等处塞上棉花。

　　垂袖一般用绉纱或绫,并加入有职纹样等元素。无法织造出的纹样,会使用刺绣、罗纱刺绣等方式绣上纹样。

　　另外不论男女,公家的儿童最常留"稚儿髻"。这个发型是将头发都束在顶部,做成左右两个环形。这个发型自古以来被唤作"唐轮",在公家社会一直传承至江户时代结束。

冠的戴法

到平安时代中期为止，冠都是头巾形式，丝制且四个角很长。人们在发髻上扣一个木制且形似胶囊的巾子，然后用头巾把巾子包起来。头巾两个角系在头后面，余下两个角系在巾子前部将其固定在头上。

后来冠终于和巾子合为一体，可以将发簪横向插进发髻固定住冠。这个戴法一直延续到室町时代。江户时代"月代头"出现，由于顶部头发剃光、发量变少，就无法再用发簪固定冠了。人们转而用悬绪绑住冠，冠变得像玩具一般小。

到了近代，无论是月代头还是发髻都被废止，冠再度变大，并用悬绪固定。

奈良时代到平安时代中期

这是自约奈良时代开始的形式，头巾的四个角系起来穿戴。后来垂在后面的两个角变成了"缨"。

平安时代中期到室町时代

大尺寸巾子罩住发髻，然后横向插入簪子固定。除了蹴鞠等场合，不使用悬绪。

江户时代

冠尺寸变小，就无法用发簪固定了，因而使用悬绪。穿束带时，悬绪用纸捻。

明治时代以后

人们不再留发髻后，冠的尺寸再度变大。直接戴上用悬绪固定。

专栏 ⑪

女性发型的变迁

头上二髻（双髻）

奈良时代以来的唐风发型。做两个发髻叫作"双髻"，一个发髻就是"一髻"，平安时代中期以前是将前面的头发做成一个发髻。

垂发

不扎头发，在头顶将头发分开从左右两边垂下来。站起来走动时，或将头发别在耳后，或扎起来。

大垂发（大）（前）

江户时代后期，宫中的发型变成"大垂发"。仪式不同，造型各异。重大仪式时会用发饰，将前面的头发向上盘起。

大垂发（大）（后）

大垂发又有"大""中""小""童"等形式。扎头发的发绳等物件的种类、数量也有不同用法。

天武天皇时代（7世纪后半期），定下了日本人要扎头发的原则，奈良时代的女性会在头上盘发髻。其中又有将头发一部分盘起的"头上一髻"、将全部头发盘起的"头上二髻"等发型。平安时代也是如此，直到清少纳言所处的时代，女性发型都是将头发盘在头前部的"一髻"，并插梳篦。到了紫式部的时代，通常只将头发在头顶分左右从两边垂下来（垂发）。

镰仓时代为方便活动，会将头发在后面扎成"元结"①或"丈长"。这个形式持续了很长一段历史时期，但到了江户时代中期，民间流行的"灯笼鬓"被皇宫采纳，并发展出"大垂发"。这个发型和十二单装束的体量构成很好的平衡，因此被近代皇族女性及女官传承下来，用于搭配传统服饰。

① 元结：指发髻或顶髻，也可指扎发髻的绳子，多用蜡纸制成。

第六章

明治时代以后的装束

明治维新迎来装束转折点

　　明治维新既是日本历史上的特殊转折点，也为装束界带来了巨大变化。明治维新初期，重视和风，庆应四年（1868 年）的明治天皇即位礼上，废止了以天皇的"衮冕十二章"为首的"礼服"。以岩仓具视"复兴神武天皇时代"的论调为基础，一扫服饰中的中国色彩，那以后天皇在仪式中都穿束带，着黄栌染御袍。

　　天皇日常戴御金巾子冠，穿着则沿袭江户时代的白小袖和大口袴，公务时穿直衣，外出时穿御小直衣。天皇穿着这种传统装束的情况，一直持续到明治四年（1871 年）。

这时的黄栌染御袍，与江户时代相比没有什么不同，只有立缨冠的缨完全直立这一点，是始于明治天皇。从那以后直至今日，除了天皇即位礼，宫中举行其他祭祀活动时，天皇也会身着黄栌染御袍。现代的缨会略微向后弯曲。

笔直耸立的冠

黄栌染御袍
（天皇）

御立缨

完全笔直的造型始于明治天皇。上有刺绣的"俵菱"纹样，来自天皇的冠亲——伏见宫邦家亲王。菊纹刺绣则从大正天皇开始使用。

御立缨冠

到江户时代为止，立缨冠都轻轻垂在后面。而明治时代之所以有此造型，据说是因为当时负责装束制定的人，受"立缨"二字的字面意思影响，遂确认了这个样式。

御下袭

从上往下与衣服的下摆相连。

黄栌染御袍

颜色是"黄栌染"，纹样是"桐竹凤凰麒麟"。两者都是天皇专用。

御下袭的下摆

表面是白绫底小菱纹样，背面是浓苏芳底竖菱纹样。从领端到末端有2丈1尺5寸（约合6.5米）长。

御表袴

浮织出"窠霰"纹样。

御插鞋

一种浅口鞋，表面用缥缃锦，锦上的多彩颜色间，有菱纹等纹样。

TPO 全年・外出・天皇

正式程度 ★★★★☆

明治天皇的外出服装。天皇曾在明治四年十一月视察海军演习时头戴御金巾子冠，身穿御小直衣。那以后，还在同年六月末和十二月末的仪式"节折"上穿着。御小直衣的定位，是直衣的替代品，因此不使用袖括的带子。

外出装束

御小直衣
（天皇）

御金巾子冠
缨部分折叠后夹在金箔纸中的小型冠。

御小直衣
夏季颜色为二蓝色加三重襷纹样。冬季为白色加小葵纹样。

御切袴
红色的平绢。

御插鞋

TPO 全年·公务和日常·天皇

正式程度 ★★★☆☆

江户时代到明治初年，天皇的日常穿着是大口姿。御直衣除少数例外，到了近代成为天皇使用的衣服，按惯例在"敕使发遣之仪"上穿着。

御直衣与大口姿
（天皇）

宫中的装扮

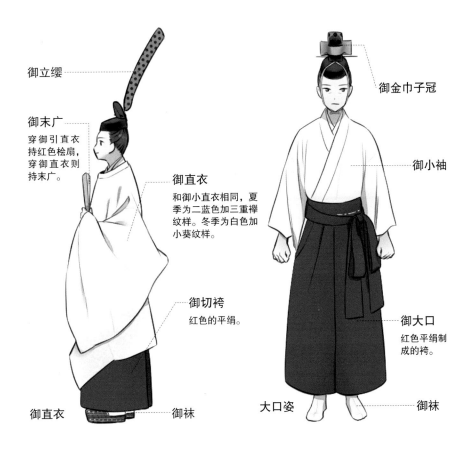

御立缨

御末广
穿御引直衣持红色桧扇，穿御直衣则持末广。

御直衣
和御小直衣相同，夏季为二蓝色加三重襷纹样。冬季为白色加小葵纹样。

御切袴
红色的平绢。

御直衣

御袜

御金巾子冠

御小袖

御大口
红色平绢制成的袴。

御袜

大口姿

从明治时代传承至今的六种天皇装束

近代以来天皇的装束有 6 种。即位礼正殿之仪[1]、立太子礼、每年元旦的四方拜[2]，以及其他宫中常规仪式，基本穿黄栌染御袍。大尝祭、新尝祭[3]穿纯白的"御祭服"和"帛御袍"，穿这两种装束时，可戴"御帻冠"。御帻冠用没有纹样的白色平绢系住缨。在即位礼的各种仪式中，面对伊势神宫、神武天皇山陵、前四代天皇陵举行的"敕使发遣之仪"穿"御引直衣"，且御引直衣只在这个时候穿。即位后的敕使发遣之仪时则穿"御直衣"。加上在节折仪式上穿着的"御小直衣"，共计 6 种装束，是一直传承至现代的天皇装束。

---

[1] 即位礼正殿之仪：是即位礼的核心，也是天皇向国内外宣告即位的国事行为。
[2] 四方拜：每年一月一日的早朝，天皇在宫中向四方神明敬拜，是敬拜四方、消除灾害、祈祷五谷丰收的宫中祭祀。
[3] 新尝祭：是宫中的一项传统仪式，天皇会亲自向神明供奉当年的新稻谷，对五谷丰登表达感恩之意。

TPO 大尝祭和新尝祭·天皇

正式程度 ★★★★★

天皇参加大尝祭和新尝祭,会穿祭神仪式的
"御祭服"。御祭服的形状和一般袍不同,其
用入襴代替蚁先。入襴两侧有褶、多层重叠,
是注重古式的制式。

御祭服（天皇）

最为清净的装束

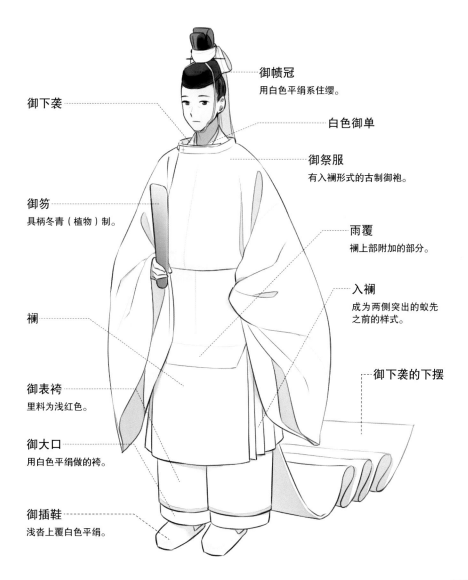

御帻冠
用白色平绢系住缨。

御下袭

白色御单

御祭服
有入襴形式的古制御袍。

御笏
具柄冬青（植物）制。

雨覆
襴上部附加的部分。

入襴
成为两侧突出的蚁先
之前的样式。

襴

御下袭的下摆

御表袴
里料为浅红色。

御大口
用白色平绢做的袴。

御插鞋
浅沓上覆白色平绢。

139

TPO 大尝祭和新尝祭·天皇
正式程度 ★★★★★

在大尝祭和新尝祭中，天皇于仪式开始前与结束后穿的衣服是"帛御袍"。除了面料为白色平绢之外，这种袍形式上与一般的缝腋袍并无二致。冠和黄栌染御袍的冠同为御立缨冠，只是没有纹样。

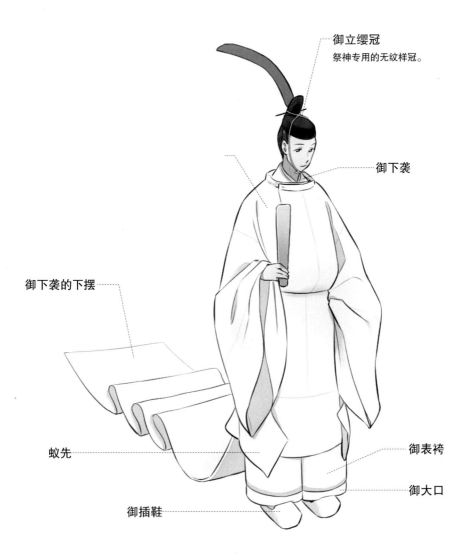

御立缨冠
祭神专用的无纹样冠。

御下袭

御下袭的下摆

蚁先

御表袴

御大口

御插鞋

TPO 敕使发遣之仪·天皇

正式程度 ★★★★★

到平安时代中期为止，披着直衣的袍子，胸前部分散乱的"御引直衣"只是天皇的日常穿着。后来将胸前略作整理，其升格成简单仪式上使用的礼服。现代的御引直衣则只用于即位礼相关的仪式。

御引直衣（天皇）

仅用于即位礼相关的仪式

御立缨冠
大正天皇以后，上面有菊纹刺绣。

御引直衣
冬季为白底小葵纹样，里料为二蓝色的平绢。

御衣
白色纹织物，小葵纹样。

御单
红色纹织物，纵向织繁菱纹样。

长御袴
红色纹织物，小葵纹样。

活跃于混乱的明治初期的装束

明治时代以后 男性

　　明治维新伊始的社会动荡期，人们无暇顾及服装制度。"今后将制定官服制度，现下且从旧制"，因此公家和诸侯穿"衣冠"，这之下的官员穿"直垂"作为公务装束。如庆应四年明治天皇即位礼，出席者皆按上文所述级别穿衣，明治五年（1872 年），新桥到横滨铁路的开通仪式上，西乡隆盛、大隈重信等人都穿了直垂。

　　这之后，官员的礼装走上了西化的道路，礼装成了西式服装。而日本自古传承的装束只有衣冠还用于祭神仪式，其他的和风礼装诸如狩衣、直垂、裃都全数废止。

正式程度 ★ ★ ★ ★ ★

明治天皇迁都江户①，随行公卿穿衣冠骑马。明治维新之后，公家暂时穿的衣冠，于明治五年被定为神事专用服。但那之后也有过反复，宫中各种仪式上，衣冠单和衣冠会再度复兴。参与祭神仪式者穿衣冠单或衣冠，只持笏，怀中放帖纸。

衣冠
（公家）

明治维新后仍多穿着

垂缨冠

衣冠

明治天皇迁都江户时，据岩仓具视建议，从品川宿入主江户时，公家穿衣冠。在到达品川宿之前的路上穿直垂。

---

① 1869 年日本天皇和维新政府从京都迁入江户，并改称江户为东京。

TPO 全年·仪式时·新政府征士①
正式程度 ★★★★★

公卿随行东迁，在到达品川之前穿直垂。直
垂是江户幕府最高级别的装束，幕府时代末
期到明治时代初期，又作为参与新政府人士
的礼装大显身手。

引立乌帽子
按江户时代的服装制度，官帽
为风折乌帽子。明治时代换成
了军队用的引立乌帽子。

胸绳

菊缀

直垂
按照江户幕府时期最高的
礼装标准，穿直垂。颜色
方面没有特别规定。

足袋

---

① 征士：明治维新政府从各藩乃至民间直接选拔录用的官员总称。

明治维新之后的神职服制

　　直到江户时代为止，神职都属京都的吉田家管辖，装束也必须经吉田家许可方能穿着。黄色的狩衣和白色的狩衣"净衣"均作为神职装束使用。明治五年服制大改革，衣冠被定为神事祭服。但很多神职人员没有衣冠，于是第二年修正规定为"狩衣、直垂、净衣等亦可"。那之后，还经历了统一穿净衣、统一穿直垂等诸多曲折。

　　明治二十七年（1894年）《神官神职服制》终结了这一混乱局面。将神职人员的装束分为正服、略服、斋服等几类，正服是衣冠单，略服为狩衣，斋服则是新制定的服制。

狩衣与净衣（神职）

到江户时代为止的神职装束

TPO 全年·神职（无官位）

正式程度 ★★★★☆

宽文五年（1665年）江户幕府制定了《诸社祢宜神主法度》，将无官位神职人员的装束定为"白张"。幕府给予吉田家认证神职人员的特权，吉田家同时还掌控了装束的许可权。有吉田家的认可，除白张（白狩衣）之外，神职人员还能穿有纹样的纱制狩衣。

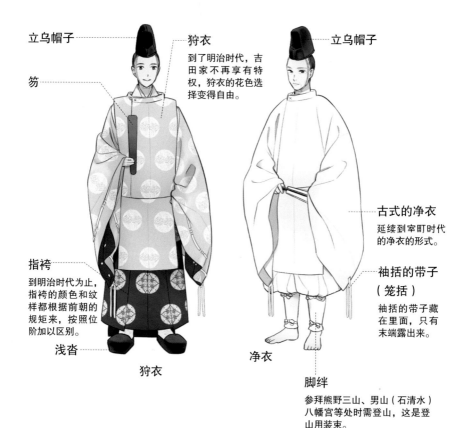

立乌帽子

笏

狩衣

到了明治时代，吉田家不再享有特权，狩衣的花色选择变得自由。

指袴

到明治时代为止，指袴的颜色和纹样都根据前朝的规矩来，按照位阶加以区别。

浅沓

狩衣

立乌帽子

古式的净衣

延续到室町时代的净衣的形式。

袖括的带子（笼括）

袖括的带子藏在里面，只有末端露出来。

脚绊

参拜熊野三山、男山（石清水）八幡宫等处时需登山，这是登山用装束。

净衣

TPO 全年·神职

正式程度 ★★★★☆

明治二十七年的《神官神职服制》制定了新的神职服装"斋服"，这种装束和衣冠类似。袍为白色，袴也为白色指袴（切袴）。冠是远纹冠，神职人员不论身份皆穿一样的装束。另据现代的神社本厅规定，斋服也是仅次于大祭的中祭用装。

斋服（神职）

（神职）

新诞生的神职装束

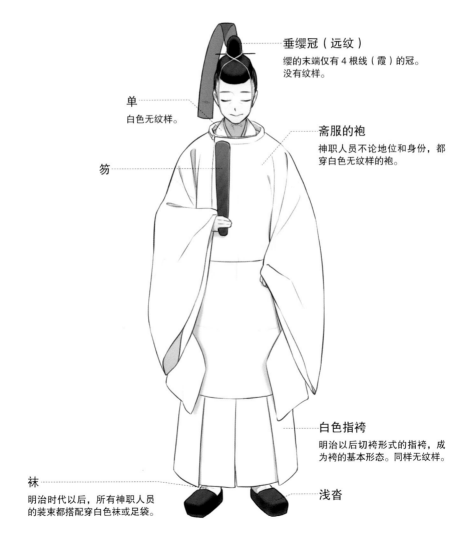

垂缨冠（远纹）
缨的末端仅有 4 根线（霞）的冠。没有纹样。

单
白色无纹样。

笏

斋服的袍
神职人员不论地位和身份，都穿白色无纹样的袍。

白色指袴
明治以后切袴形式的指袴，成为袴的基本形态。同样无纹样。

袜
明治时代以后，所有神职人员的装束都搭配穿白色袜或足袋。

浅沓

洋装化宣言带来装束的鹿鸣馆时代

　　明治四年九月四日，明治天皇发布了洋装化宣言。次年五月明治天皇到西国巡幸时，穿菊纹金线刺绣的燕尾服，更于再下一年将其作为天皇用的大礼服穿着，并留下了当时的照片。

　　明治五年九月（新历 11 月）服制大改革，西式的大礼服也普及到了臣下。日本参考西方的宫廷服装，多用金饰绪，文官的大礼服光彩夺目，而陆海军方面也确定了自己特有的大礼服。明治十七年（1884年）制定的华族制度，又确定了有爵位者专用的大礼服。在山县有朋的强烈主张下，根据普鲁士王国的服装样式，确定了宫内官的华丽大礼服。

明治五年制定的天皇专用大礼服，从明治
十三年（1880年）开始，受西欧诸国影响，
成为陆军大元帅的大礼服。

天皇的大礼服

洋装化宣言下诞生的礼仪服

旭日桐花大绶章的绶带
绶带是用来放勋章等的带子。

御正服（明治五年型）
菊花纹章和菊叶形纹样用金
线刺绣于整个胸前。

御髻
天皇断发从明
治六年（1873
年）3月开始。

御饰绪
穿正装时，只有少将
以上职位之人戴将军
饰绪。

御正帽
呈舟形，扎御髻也
能戴。

御正帽

明治五年的大礼服

御正衣
位居大将之
上的大元帅
的正装。

明治十三年以后的大礼服

TPO 全年·仪式时·文官与宫内官
正式程度 ★★★★★

文官分为敕任官、奏任官和判任官。最上层敕任官的大礼服为黑罗纱制燕尾服，胸口和袖口用金线刺绣桐花叶和桐蕾唐草。有位阶而无官职者，不绣桐蕾唐草，仅留桐花叶。宫内官穿礼袍形态且胸前绣菊枝的豪华大礼服。

文官与宫内官的大礼服

饰绪装点的华丽纹样

白蝴蝶领结

上衣
桐蕾和唐草纹样的金线刺绣。有位阶而无官职者不绣桐蕾唐草，只绣桐花叶。

正剑

帽
敕任官的帽子为白色，奏任官的帽子则为黑色。用鸵鸟羽毛来装饰。

上衣
按照菊枝刺绣的数量规定，敕任官的为 13 对，奏任官的为 9 对。

袖章
式部官袖章的底色为红色。

袴
即位大礼上穿白色裤子。

敕任文官　　　　　　　　　　　　奏任宫内官

TPO 全年·仪式时·武官

正式程度 ★★★★★

陆海军的大礼服叫"正装"。陆军正装的正衣是黑罗纱制双排扣形式，领子和袖口有金饰绪。袖章的金线数代表相应级别。海军正装为黑罗纱制的双排扣形式，领子处有金饰绪，肩章处有流苏。

帽子、肩章和袖章惹人注目

武官的大礼服

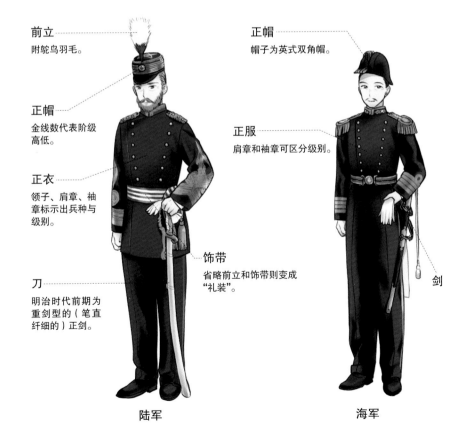

前立
附鸵鸟羽毛。

正帽
金线数代表阶级高低。

正衣
领子、肩章、袖章标示出兵种与级别。

刀
明治时代前期为重剑型的（笔直纤细的）正剑。

正帽
帽子为英式双角帽。

正服
肩章和袖章可区分级别。

饰带
省略前立和饰带则变成"礼装"。

剑

陆军

海军

文明开化与外出服的发展

明治时代以后 女性

到江户时代为止，宫廷、公家社会的女性几乎不会因公外出参加活动。文明开化的时代到来，日本开始学习欧美诸国，以皇后为首的宫廷女性开始更加积极地参加公务活动。这个阶段，女性外出服常用"褂袴"，为了方便行走，将袴的下摆挽起，就成了"道中着"的穿法。这时的鞋子是西式浅口鞋。

即位礼上公家女性穿"五衣唐衣裳"，也就是十二单。由于明治时期各家的着装方式有所不同，这会造成即位礼上公家女性穿着各异的情况。有外宾在，看起来终究是有些不成体统。于是大正四年（1915年）的大正即位礼上，对公家女性的着装形式做了统一规定。

只有即位礼和皇室的结婚典礼，女性才会穿"五衣唐衣裳"。大正即位礼上，统一规定了皇族女性的服装。外面穿绣着入子菱底加窠中八叶菊纹样的面料制成的服装。对面料颜色则规定为40岁以下用红色，40岁以上用二蓝色。上面的纹样颜色在大正时期用黄色，昭和时期以后则用白色。唐衣穿紫龟甲底加白云鹤丸纹样。这个样式一直延用到令和时代。

五衣唐衣裳
（皇族与女官）

大正时期以后统一的穿着方式

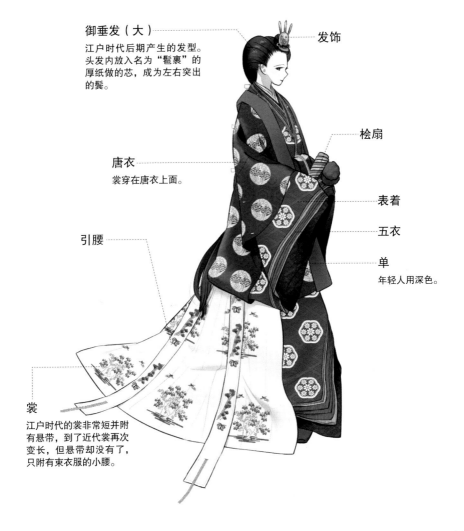

御垂发（大）
江户时代后期产生的发型。头发内放入名为"鬓裹"的厚纸做的芯，成为左右突出的鬓。

发饰

桧扇

唐衣
裳穿在唐衣上面。

表着

五衣

单
年轻人用深色。

引腰

裳
江户时代的裳非常短并附有悬带，到了近代裳再次变长，但悬带却没有了，只附有束衣服的小腰。

TPO 全年·日常或外出·女官与华族夫人
正式程度 ★★★☆☆

褂袴是宫中女官及华族夫人的日常穿着，
因其简便，皇后外出时也会穿。先在袴上系
丸绔带，外面披褂。外出时，将袴的下摆挽
起，用带子系住。为方便行走前面呈八字形
敞开。系起衣襟，上面用丸绔带固定，就成
了外出时的打扮，也称道中着。

美观且便于活动

褂袴
（女官与华族夫人）

小袖

褂

单
也有省略单的穿法。

褂袴

切袴

垂髻
明治时代的发型。不放"髻裹"状
的芯，在后面将头发扎起来。

桧扇
穿没有单的"通常服"
时，拿"雪洞扇"。

154

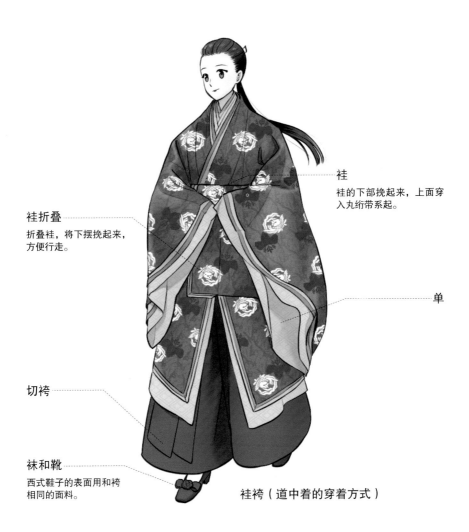

袿折叠
折叠袿，将下摆挽起来，
方便行走。

切袴

袜和靴
西式鞋子的表面用和袴
相同的面料。

袿
袿的下部挽起来，上面穿
入丸绐带系起。

单

袿袴（道中着的穿着方式）

155

女性的洋装化宣言 兼具方便与优雅

明治时代以后　女性

女性服装的西化比男性略晚，在推进文明开化进程的伊藤博文的强烈主张下，明治十九年（1886年）6月，女性的西式礼服样式确定下来。次年的明治二十年（1887年）1月，皇后发布思召书，上书"洋装在方便行动方面，与日本的古代服装一脉相承"，更进一步推进了女性服装的西化进程。尽管有身为外国人的顾问建言日本要尊重更符合自身传统的和服，但对于当时急于走向文明开化的日本来说，或许将服装西化是当务之急吧。

明治二十年的新年拜贺仪式中，宫中女性开始穿洋装出席。其外出时的服装，也从裋袴道中着变成了洋装。

大礼服作为"女性大礼服",也用于参加其他国家的加冕仪式等场合。形式上是领口大开,无袖或半袖,女性会戴白手套,持象牙扇。

优雅的长裙摆

大礼服 (manteau de cour)

（皇后与皇族）

宝冠（皇冠）

大礼服

白色长手套

象牙扇

持裳侍奉者
因为裙裾很重,所以会由被称为"持裳侍奉者"的少年捧着。

御役服
紫色天鹅绒质地,宫内省出借物。

白色长袜

帽子
有羽毛装饰的帽子,不戴在头上而是背在后背。

漆皮鞋

裙裾
从肩或腰部开始,长长地拖曳在身后。

TPO 全年・晚会或夜宴等
正式程度 ★★★★☆

用于晚会或夜宴的"低胸礼服"，在新年宴会、天长节、地久节等时穿着。明治二十二年（1889年）举行宪法发布会时，昭宪皇太后也曾穿低胸礼服。形式为领口大开，没有袖子或者半袖。

展现魅力的低胸礼服

中礼服（robe décolletée）

皇冠

低胸礼服
胸的上部露出的礼服。

象牙扇

长手套
配礼服用的长手套。

裙裾
裙裾虽长，尚未到拖曳的程度。

TPO 全年・宫中仪式

正式程度 ★★★☆☆

宫中日常宴席的通用礼服称作"通常礼服",除了宫中午餐会,还用于赏樱会、赏菊会等众多场合。形式上为立领、长袖的长裙。自昭和十三年(1938年)7月开始,以新年仪式为首的所有宫中仪式,女性都穿通常礼服。

立领且长袖的长礼服

通常礼服（robe montante）

通常礼服

长袖立领服。"montante"在法语中是"上升""增高"的意思。

象牙扇

战后的宫中装束

宫中服

昭和十九年（1944 年）正式颁布《关于宫中女性通常服》（第 8 号皇室令），将这种服装正式定为宫中服。

"二战"后，由于国民生活贫困，宫中女性为避免铺张浪费，开始穿"宫中服"。宫中服以贞明皇后（大正天皇的皇后）于昭和五年（1930 年）设计的"御茶席召"为雏形，上衣的长度到腰，袖口宽大。没有单独的和服腰带，用缝在背上的带子扎衣服，系在身前，并且穿相同布料制作的切袴。

战争时期不再有茶道稽古，"御茶席召"装束也被忘却，"二战"结束后不久，这种装束因与时局相契合而再度登场。"御茶席召"作为礼服穿时，皇族妃以上者用缎子面料，女官以下者则用绫织面料。日常装也会用到西式服装的面料，1 反[①]面料就可以制成一套和服。

香淳皇后（昭和天皇的皇后）废除了这种宫中服制度，国事访问时开始穿普通的和服。

---

① 反：布匹的长度单位。"一反"约宽 36 厘米、长 12 米，适于做一件成人的和服。

第七章

现代的装束

令和即位礼上可见的装束（篇一）

到了现代，皇宫仅在一些特定场合使用装束。其中最为盛大的场合无疑是"即位礼正殿之仪"。令和的即位礼也不例外，以天皇、皇后为首，皇族、侍从、女官都穿古式装束。男性全员穿"束带"，女性全员穿"五衣唐衣裳"。

除了这种大典，宫中按惯例举行的神事"宫中祭祀"上，天皇会根据仪式需要穿直衣或小直衣，重要的仪式则穿束带形式的黄栌染御袍。这种时候负责辅佐的"掌典职"（负责神事的人）会根据仪式和职位，穿对应的衣冠单、衣冠、布衣、杂色等装束。

TPO 即位礼·天皇

正式程度 ★★★★★

在令和元年（2019年）10月22日的"正殿之仪"开始前，还有各种各样的仪式。5月8日，伊势神宫等处发布即位日程的敕使发遣之仪上，天皇穿"御引直衣"。正殿之仪马上开始前，天皇穿"束带形式的黄栌染御袍"在宫中三殿行拜礼，然后穿这套衣服参加正殿之仪。11月14日晚上的"大尝宫之仪"上，天皇效仿古制，到迴立殿之前都穿帛御袍，在悠纪殿、主基殿则换上御祭服。

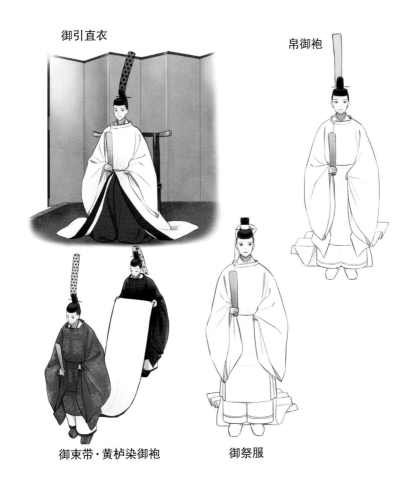

御引直衣

帛御袍

御束带·黄栌染御袍

御祭服

`TPO` 正殿之仪·皇族男性
`正式程度` ★★★★★

参加令和即位礼"正殿之仪"的皇族成年男性
有两位。一位是秋筱宫文仁亲王，他作为皇嗣
应穿皇太子袍。皇太子袍是"黄丹窠中鸳鸯"
袍的束带。另一位是常陆宫正仁亲王，他应
穿"黑云鹤"袍的束带，但考虑到其年事已高，
最终在正殿之仪上改穿燕尾服。

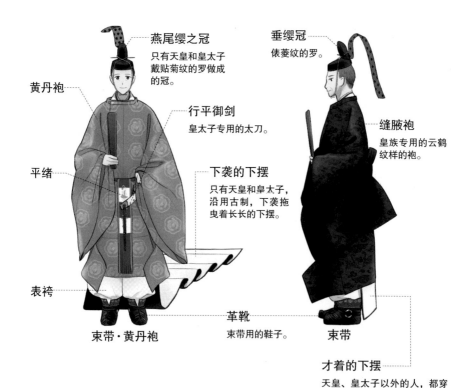

燕尾缨之冠
只有天皇和皇太子
戴贴菊纹的罗做成
的冠。

黄丹袍

行平御剑
皇太子专用的太刀。

平绪

下袭的下摆
只有天皇和皇太子，
沿用古制，下袭拖
曳着长长的下摆。

表袴

革靴
束带用的鞋子。

束带·黄丹袍

垂缨冠
俵菱纹的罗。

缝腋袍
皇族专用的云鹤
纹样的袍。

束带

才着的下摆
天皇、皇太子以外的人，都穿
"才着"，即后面不拖曳下摆的
样式。

`正式程度` ★ ★ ★ ★ ★

举行正殿之仪时，因为下雨，"庭上参役"的
诸位不能立于庭院，但也都以束带之姿列席。

令和即位礼的装束

（庭上参役）

代表职能分工的各色束带大放异彩

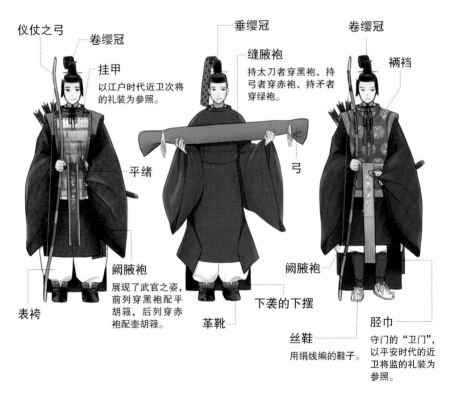

仪仗之弓

卷缨冠

挂甲
以江户时代近卫次将
的礼装为参照。

平绪

阙腋袍
展现了武官之姿，
前列穿黑袍配平
胡簶，后列穿赤
袍配壶胡簶。

表袴

威仪者（前列）

垂缨冠

缝腋袍
持太刀者穿黑袍、持
弓者穿赤袍、持矛者
穿绿袍。

弓

下袭的下摆

革靴

威仪物捧持者

卷缨冠

裲裆

阙腋袍

丝鞋
用绢线编的鞋子。

胫巾
守门的"卫门"，
以平安时代的近
卫将监的礼装为
参照。

卫门

现代 女性

令和即位礼上可见的装束（篇二）

　　皇族女性的装束，大致沿用大正时期的制度。即位礼正殿之仪和本人的结婚典礼上穿"五衣唐衣裳"，其他仪式则参照此标准。如正殿之仪开始前的宫中三殿拜礼中，皇后穿"五衣小袿长袴"。其他皇族女性结婚前行宫中三殿拜礼时，穿"小袿长袴"，其余仪式穿"袿袴"。除了皇后、皇太子妃，大正时期以后，其余皇族女性都穿色彩、纹样通用的装束。

　　令和的即位礼正殿之仪上，皇后、皇嗣妃穿着新做的五衣唐衣裳，其余皇族女性穿通用的五衣唐衣裳。大正时期以后，皇后才开始参加大尝祭。皇后在大尝祭上穿纯白色的五衣唐衣裳与薄红色袴，使用银制的发饰束发。

TPO 正殿之仪·皇族与女官
正式程度 ★★★★★

五衣唐衣裳，也就是所谓的十二单。即位礼正殿之仪上，皇后、皇嗣妃、皇族女性，以及侍奉皇后的女官们，都穿五衣唐衣裳。她们穿的五衣为"比翼样式"，即只有外露的部分是五层重叠（并不是实际穿五层衣服）。这是出于站着参与仪式，需要减轻服装分量的考虑。

复古的十二单

五衣唐衣裳
（皇族与女官）

皇后

御垂发（大）

御打衣

御唐衣

御五衣

御表着

御裳
皇族的裳上有桐竹尾长鸟纹样。

御单

御长袴

女官

唐衣

单

长袴

表着

裳
女官的裳上有青海波底加贝壳花纹的"海赋纹样"，这也是自平安时代以来传承至今的纹样。

167

TPO 期日奉告之仪·皇族与女官
正式程度 ★★★★★

皇后即位礼之前的参拜宫中三殿的仪式叫"期日奉告之仪"，这个仪式上穿的装束，是"五衣小袿长袴"。供奉的女官穿"袿袴"时采用道中着穿法。袿按照大正时期以来的传统，为葡萄色底加梅之丸纹样。即位礼后，天皇与皇后参拜伊势神宫时，同行的皇族女性穿袿袴时也采用道中着穿法。皇族结婚之前行宫中三殿拜礼时，惯例是内亲王女性穿"五衣唐衣裳"，女王穿"小袿长袴"。

五衣小袿长袴与袿袴
（皇族与女官）

从明治和大正时期传承至今的女性装束

发饰

御小袖

御垂发（大）
江户时代发明的发型，近代用简略化的御垂发"中"，现代用正式的御垂发"大"。

御小袿

垂发
女嬬的发型。后面的头发或用元结扎起来，或盘成丸子状。

御五衣

垂发（小）

袿
道中着的穿着方式。

御单

袿袴（道中着）

御长袴

五衣小袿长袴

切袴

留存在现代的各色装束

现代　各行各业

除了舞台演出，能看到现代人穿传统装束的机会，当属注重传统的神职人员了。明治时代的律令为袍定的当色包括：黑（四位以上）、赤（五位）、缥（六位以下）和黄（无位）。大正时期以后，则不论官位，按照官吏类别定袍色，敕任官为黑、奏任官为赤、判任官为缥。

"二战"结束以后，神社成为宗教法人，神社本厅"神职身份"的特级和一级为黑，二级上与二级为赤，三级、四级为缥（名称为绿）。袴的颜色和纹样也代表着不同的神职身份。

除此之外，雅乐的伶人（乐师）也穿古式装束，大相扑的行司（裁判）穿直垂。

TPO 全年·祭祀供奉·男性神职

神职的装束，有大祭用的正装"衣冠单"，中祭用的礼装"斋服"，小祭和日常祭祀用的常装"狩衣"等。正装、常装的袴的颜色与纹样规定为，神职身份的特级用白底藤丸大纹，一级用紫纬白底藤丸纹，二级上用紫纬薄底的藤丸纹，二级用紫色无纹，三级与四级用浅葱色无纹。

袴的颜色与纹样也引人注目

神职的装束
（男性）

垂缨冠
神职二级以上为繁纹。

红色单

缝腋袍
神职二级以上为轮无唐草纹样。

衣冠单

奴袴
根据神职身份不同颜色与纹样也不同。白底有纹样代表最高等的神职特级。

垂缨冠
不论何种神职身份都为远纹。

白单

斋服的袍
不论何种神职身份都为白色无纹。

斋服

指袴
不论何种神职身份都为白色无纹样。

立乌帽子

狩衣

狩衣

指袴
神职身份不同花色各异。紫色底白纹样为神职一级。

170

TPO 全年·祭祀供奉·女性神职

明治时代以来，只有男性担任神职。"二战"后有了女性可担任神职的制度，规定其正装为袿袴，礼装为白袿袴，常装为水干。之后的昭和六十三年（1988年）参考江户时代的采女装束，制定了女性神职专用装束。

神职的装束（女性）

江户时代的采女装束演变而来

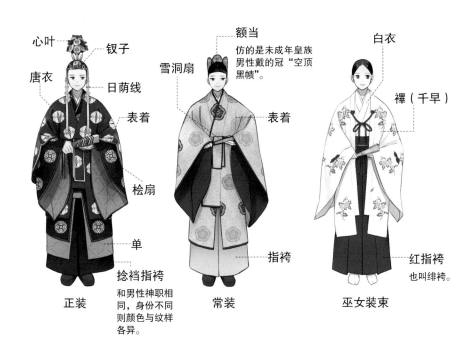

心叶

钗子

唐衣

日荫线

表着

桧扇

单

捻裆指袴
和男性神职相同，身份不同则颜色与纹样各异。

正装

额当
仿的是未成年皇族男性戴的冠"空顶黑帻"。

雪洞扇

表着

指袴

常装

白衣

襷（千早）

红指袴
也叫绯袴。

巫女装束

乐师与行司的装束

和艺能一起被传承的服装

海松色直垂
用茶色经纱、萌黄色纬纱织就的"海松色"。为避免妨碍演奏，多不用胸绳。

引立乌帽子

折乌帽子

军配

短刀
只有立行司[1]持短刀。

直垂
铠直垂形式的修身样式。

菊缀
古代样式。从最高等的立行司木村庄之助的紫色，到序之口的青色（或黑色），行司级别不同使用的颜色亦不同。[2]

伶人的直垂
宫内厅乐部的乐师"伶人"，穿明治初期宫中侍奉的装束"直垂"。民间乐师多以此为参照，也穿狩衣。

形司的直垂
大相扑的行司穿直垂戴古式的折乌帽子。自明治四十三年（1910年）起，行司就穿此装束。

上草履
三役格[3]以上的行司使用。

---

① 立行司：立行司为行司中的最高级别。
② 此处的木村庄之助、序之口均为行司的级别名。
③ 三役格：行司级别。仅次于最高级别的立行司。

日本装束史年表

时代	古代到奈良时代	平安时代
年份 / 事件		
延长五年（九二七）		制定《延喜式》（从九六七年开始实施）。十世纪《西宫记》作成。
延喜七年（九〇七）		唐朝灭亡。
宽平六年（八九四）		停止派遣唐使。
仁和三年（八八七）		藤原基经成为关白。
弘仁十四年（八二三）		废止除仪式官之外的礼服。
弘仁十一年（八二〇）		嵯峨天皇着「衮冕十二章」礼服。
延历十三年（七九四）		迁都平安京（今处京都）。
天平四年（七三二）	圣武天皇着礼服。	
养老二年（七一八）	《养老律令》制定（从七五七年开始实施）。	
和铜三年（七一〇）	迁都平城京（今处奈良市西郊）。	
大宝元年（七〇一）	制定《大宝律令》。	
大化元年（六四五）	乙巳之变，又称大化改新。	
舒明二年（六三〇）	首次派遣唐使。	
推古三十年（六二二）	圣德太子（厩户皇子）薨，《天寿国绣帐》作成。	
推古十一年（六〇三）	制定冠位十二阶。	
推古八年（六〇〇）	首次派遣隋使。	
约三世纪	中国编纂《魏书》，其中《魏书·倭人传》记载了日本的相关历史。	

第3—4页　　第6—17页

平安时代	镰仓时代
十二世纪后半期《伴大纳言绘卷》《换身物语》问世。	正庆二年（一三三三）镰仓幕府灭亡。
文治元年（一一八五）平氏于坛之浦之战灭亡。	十四世纪前半期《春日权现验记绘卷》《不问自语》《源平盛衰记》《吾妻镜》问世。
治承四年（一一八〇）迁都福原京（今处神户市）。	十三世纪前半期《紫式部日记绘卷》《平家物语》问世。
仁安二年（一一六七）平清盛成为太政大臣。	承久三年（一二二一）承久之乱。
平治元年（一一五九）平治之乱。	建历二年（一二一二）《方丈记》问世。翌年《禁秘抄》问世。
保元元年（一一五六）保元之乱。	建久三年（一一九二）源赖朝成为征夷大将军。
十二世纪前半期《源氏物语绘卷》完成。	
嘉保二年（一〇九五）设置北面武士。	
应德三年（一〇八六）白河上皇施行院政。	
长和五年（一〇一六）藤原道长成为摄政。	
宽弘五年（一〇〇八）《源氏物语》《紫式部日记》问世。	
长保二年（一〇〇〇）藤原定子成为皇后，藤原彰子成为中宫。同一时期《枕草子》问世。	
正历元年（九九〇）藤原定子成为中宫。	
康保四年（九六七）藤原实赖成为关白，之后进入摄关政治的全盛期。	

第21—37页　　第41—53页　　第57—71页　　第77—92页

174

室町时代到战国时代	江户时代

江户时代

天保十五年（一八四四） 开展裳唐衣的『装束御再兴』运动。

天保十二年（一八四一） 天保改革开始。进一步取缔江户市的风俗业。解散幕府和各藩批准的工商业者的行会『株仲间』。

天明七年（一七八七） 宽政改革开始。

享保七年（一七二二） 开展裳唐衣的『装束御再兴』运动。

享保元年（一七一六） 享保改革开始。

宽文五年（一六六五） 制定《诸社称宜神主法度》。

宽永十八年（一六四一） 将荷兰商馆迁至出岛。完成闭关锁国。

宽永十二年（一六三五） 修订《武家诸法度》。外国来船仅限于长崎、平户停泊，严禁日本人到海外渡航及归国。

元和元年（一六一五） 大阪夏之阵。颁布《武家诸法度》《禁中并公家诸法度》《诸宗诸本山法度》等法令。

庆长十六年（一六一一） 幕府准许与葡萄牙、明朝进行贸易往来。

庆长八年（一六〇三） 德川家康成为征夷大将军。江户幕府开府。

室町时代到战国时代

庆长五年（一六〇〇） 关原之战。

天正十年（一五八二） 本能寺之变。

元龟元年（一五七〇） 葡萄牙来船，于长崎和日本进行首次交易。

永禄三年（一五六〇） 桶狭间之战。

应仁元年（一四六七） 应仁之乱开始（结束于一四七七）之后进入战国大名割据、支配各自领地的时代。

应永八年（一四〇一） 勘合贸易（明日贸易）开始。

历应元年（一三三八） 足利尊氏成为征夷大将军。

延元元年（一三三六） 《建武式目》制定。日本分裂为南北朝。

第97—105页　第109—129页

江户时代	明治时代到昭和时代	现代
安政元年（一八五四）日美签订《神奈川条约》。 文久二年（一八六二）文久改革。 庆应三年（一八六七）大政奉还。天皇发布『王政复古大号令』。 庆应四年（一八六八）鸟羽伏见之战。戊辰战争、江户开城。明治天皇即位礼。改年号为明治。	明治二年（一八六九）决定迁都东京。箱馆战争结束。 明治四年（一八七一）新桥到横滨的铁路开通。对官员礼服实行西化等改革。 明治五年（一八七二）明治天皇发表洋装化宣言。 明治十年（一八七七）西南战争。 明治十四年（一八八一）天皇颁布开设国会的诏敕。 明治十七年（一八八四）颁布《华族令》，制定有爵位者专用的大礼服制式。 明治十九年（一八八六）制定女性西式礼服制式。翌年，皇后发布有关女性服制的思召书。 明治二十二年（一八八九）颁布《大日本帝国宪法》。 明治二十七年（一八九四）制定神官神职的服制。 明治四十三年（一九一〇）将大相扑的行司装束定为直垂与乌帽子。 大正四年（一九一五）大正即位礼。统一『女房装束（十二单）』的着装方法。 昭和十三年（一九三八）女性在所有的宫中仪式上，穿通常礼服。 昭和六十三年（一九八八）规定女性神职人员的专用装束。	令和元年（二〇一九）令和即位礼。

第135—159页

第163—172页

参考文献

主要参考文献

関根正直『増訂装束図解』（六合館、1926 年）

江馬務『増補日本服飾史要』（星野書店、1949 年）

日野西資孝『図説日本服飾史』（恒春閣、1953 年）

河鰭実英『有職故実』（塙書房、1960 年）

大丸弘『平安時代の服装－その風俗史的研究－』（成美社、1961 年）

八束清束『装束の知識と着法』（文信社、1962 年）

河鰭実英『日本服飾史辞典』（東京堂出版、1969 年）

河鰭実英『有職故実図鑑』（東京堂出版、1971 年）

北村哲郎『日本服飾史』（衣生活研究会、1972 年）

江馬務・河鰭実英監修『十二単の世界』（講談社、1976 年）

井筒雅風『原色日本服飾史』（光琳社出版、1982 年）

鈴木敬三『有職故実図典　服装と故実』（吉川弘文館、1995 年）

仙石宗久『十二単のはなし』（婦女界出版社、1995 年）

秋山虔・小町谷照彦編『源氏物語図典』（小学館、1997 年）

鈴木敬三編『有識故実大辞典』（吉川弘文館、2004 年）

池上良太『図解日本の装束』（新紀元社、2008 年）

佐多芳彦『服制と儀式の有職故実』（吉川弘文館、2008 年）

清岡長和『衣紋によせて』（新樹社、2008 年）

増田美子編『日本衣服史』（吉川弘文館、2010 年）

井筒雅風『風俗博物館所蔵　日本服飾史　女性編』（光村推古書院、2015 年）

井筒雅風『風俗博物館所蔵　日本服飾史　男性編』（光村推古書院、2015 年）

武田佐知子・津田大輔『礼服　天皇即位儀礼や元旦の儀の花の装い』（大阪大学出版会、2016 年）

畠山大二郎『平安朝の文学と装束』（新典社、2016 年）

川村裕子『装いの王朝文化』（KADOKAWA、2016 年）

田中圭子『日本髪大全』（誠文堂新光社、2016 年）

似内惠子『子どもの着物大全』（誠文堂新光社、2018 年）

近藤好和『天皇の装束－即位式、日常生活、退位後－』（中央公論新社、2019 年）

主要参考 *HP*

日本服飾史 https://costume.iz2.or.jp/

風俗博物館 http://www.iz2.or.jp/top.html